AF607137

La Ertzaintza que viene
Tecnología de hipervigilancia y capitalismo de consultoría

AHOZTAR
ZELAIETA

LA ERTZAINTZA QUE VIENE

TECNOLOGÍA DE HIPERVIGILANCIA Y CAPITALISMO DE CONSULTORÍA

PRIMERA EDICIÓN DE TXALAPARTA
Tafalla, diciembre de 2023
TERCERA EDICIÓN DE TXALAPARTA
Tafalla, abril de 2024

EDICIÓN: Ane Eslava

EDITORIAL TXALAPARTA S.L.L.
San Isidro 35
31300 Tafalla NAFARROA
Tfno. 948 703 934
info@txalaparta.eus
www.txalaparta.eus

ISBN
978-84-19319-90-6
DEPÓSITO LEGAL
NA. 2722-2023

DISEÑO DE COLECCIÓN Y CUBIERTA
Esteban Montorio

MAQUETACIÓN: Monti

IMPRESIÓN
Rodona Industria Gráfica S.L.
Polígono Agustinos, calle A
31013 Pamplona – Navarra

Índice

1

Una realidad, más allá de distopías

Introducción

En décadas anteriores, la literatura de ciencia ficción se ha imaginado las tecnologías que caracterizarán el futuro de una seguridad pública asistida por contratistas privados. Aunque no fueran predicciones certeras, sino metáforas, más allá de las distopías de moda, la realidad es que estamos viendo cómo, cada vez en mayor medida, están imponiendo un modelo de vigilancia de masas *hi-tech*. Un sistema de observación que se centra en el uso de tecnología como solución para el control de «comportamientos anómalos», coloca en su punto de mira a todo aquel que le incomode, y no solo vigila a la delincuencia organizada, el terrorismo o la ciberdelincuencia, sino también a comunidades o grupos sociales y políticos determinados, a activistas, a periodistas. Hablamos del modelo de vigilancia que se está implementando en la Comunidad Autónoma Vasca en los últimos años.

El arsenal tecnológico de la Ertzaintza ha integrado herramientas avanzadas para la hipervigilancia: diversos sistemas de intervención de las comunicaciones, antenas falsas para interceptar los teléfonos de manifestantes, un software para la extracción de información de teléfonos móviles, identificación biométrica de voces y rostros... Estas herramientas aparentan ser inocuas en los textos de catálogos de contratistas privados y de pliegos técnicos de contratos públicos, pero han generado un gran impacto en los derechos humanos y las libertades civiles, tal y como muestran diversas investigaciones elaboradas por instituciones públicas y privadas. Además, cabe destacar que buena parte de los fabricantes privados de esta tecnología son de origen extranjero. Entre ellos, destacan los israelíes.

La tecnificación de la seguridad pública en el denominado «oasis vasco» cuenta con la asistencia de gigantes de la industria privada del espionaje y del capitalismo de consultoría, dos sectores con cualificadas puertas giratorias para exministros del Gobierno español, exconsejeros del Gobierno Vasco y otras personalidades de la casta política. El gasto en la creación del Gran Hermano en Euskadi asciende ya a varios miles de millones de euros, con el objetivo de afrontar lo que denominan un «panorama plagado de incertidumbres» que «derivan de amenazas más globales e impredecibles».

Aunque no es nueva la obsesión del Partido Nacionalista Vasco (PNV) por comprar los más avanzados y sofisticados sistemas de control, el salto cualitativo de esta última década consiste en caminar hacia un modelo predictivo que pretende anticiparse a la comisión de los delitos, clasificando a las personas en función de sus comunicaciones a través de telefonía móvil y redes sociales, de sus comportamientos en grandes eventos, de sus movimientos en espacios públicos y privados, de sus características biométricas... Combina además el almacenamiento y la gestión de estos datos con el uso de inteligencia artificial, algoritmos, reseñas recabadas de sofisticados sistemas de videovigilancia a través de drones y *bodycams* o seguimientos a través de operaciones encubiertas.

Mediante el cruce de numerosas bases de datos, el Gobierno Vasco está procediendo a la elaboración de perfiles según su conducta, para así categorizar sujetos y grupos en función de su «peligrosidad». Para ello, la Consejería de Seguridad ha conseguido tener acceso a sensibles bases de datos del Ministerio del Interior del Gobierno español y del sistema de seguridad europeo, mientras la Ertzaintza participa en diversos programas de la Unión Europea junto a la militarizada industria mundial de seguridad.

El Gobierno Vasco emprendió hace diez años una política de reducción de la inversión en recursos propios para la vigilancia; evitó así el escrutinio público y sorteó su obligación de dar explicaciones. Sin embargo, empezó a comprar cantidades ingentes de tecnología a contratistas privados poco acostumbrados a dar muestras de transparencia.

Desde la publicación del libro *La maza y la cantera*, escrito por Julen Arzuaga en 2008 y publicado por Txalaparta, no se había realizado ninguna investigación crítica y profunda sobre la tecnología de la Consejería de Seguridad del Gobierno Vasco. Nuestro trabajo rompe con este silencio y trata de arrojar luz sobre esa opacidad a la que ahora se enfrenta Arzuaga en su labor como parlamentario en el escrutinio sobre la Ertzaintza[1].

La metodología de esta investigación ha consistido en localizar cientos de contratos públicos de sistemas para la hipervigilancia, analizar el papel del capitalismo de consultoría en el nuevo modelo policial del Gobierno Vasco, indagar en diversos planes y oficinas creadas para modernizar la Ertzaintza, investigar el perfil de los adjudicatarios de licitaciones públicas y cruzar los datos

---

1. El diario *Gara* informaba en septiembre de 2022 de que el parlamentario de EH Bildu Julen Arzuaga «se encontró el 13 de septiembre que tras acudir a la comisaría de la Ertzaintza de Erandio, las actas de la Junta de Seguridad que había pedido y que le habían dicho desde el Departamento de Seguridad que fuera allí a consultar y recoger, estaban llenas de tachones, convirtiéndolas en inútiles para su trabajo». Ante la solicitud de explicaciones, el consejero Josu Erkoreka respondió que no entendía la queja ya que, según reconoció, en otras ocasiones también le habían dado información mutilada y habían tachado datos que consideraban policialmente sensibles.

de las herramientas tecnológicas adquiridas por la Consejería de Seguridad con varios informes que describen su impacto negativo en derechos y libertades.

Este trabajo no hubiera sido posible sin la ayuda de los compañeros Ekaitz Cancela y Luis Miguel Barcenilla, ni sin la valentía contagiosa que me transmitieron periodistas de investigación ya retiradas como Amaia Eraunzetamurgil, Maite Madoz, Bego Kapape y Edurne San Martin, y también la reportera gráfica Judi Rei.

2

5.000 millones para un modelo asistido por consultoras

¿*Quo vadis*, Ertzaintza?

La Ertzaintza ha multiplicado el gasto en la mejora y evolución de sus sistemas de información e infraestructuras tecnológicas de informática y comunicaciones porque el PNV aspira a tener un rol en las guerras silenciosas del espionaje en la denominada «seguridad europea». Bajo el paraguas de la modernización de la Ertzaintza, el Gobierno Vasco está implementando un modelo de hipervigilancia con tecnología punta.

El Plan General de Seguridad Pública de Euskadi 2020-2025 supone otro paso más hacia la renovación del arsenal con la tecnología más avanzada, supervisado por la Oficina Central de Inteligencia (OCI)[2] de la Ertzaintza y con ayuda de Dirección de

2. La Oficina Central de Inteligencia integra a 178 agentes, en su mayoría procedentes de la División Antiterrorista y de Información (DAI), así como de la Unidad de Soporte Operativo y Técnico (USOT). La DAI se denominaba anteriormente Unidad de Informa-

Gestión de Telecomunicaciones y Sistemas Informáticos (DGTSI) del Gobierno Vasco[3]. La OCI de la Ertzaintza, creada en 2013, tiene como función principal «integrar la inteligencia policial en la misión general de la policía vasca, a través de la recogida, tratamiento y análisis sistemático de la información criminal e incidental». También es la encargada de aportar «productos de inteligencia» que permitan «respuestas tácticas ante los riesgos existentes», así como la responsable de la planificación estratégica ante las «amenazas emergentes y cambiantes».

El mencionado plan es, por lo tanto, un paso más en el proceso que está llevando a cabo la Ertzaintza mediante la adquisición de tecnología, buena parte de fabricación israelí, que ha servido para vulnerar derechos humanos y libertades civiles a lo largo y ancho del planeta, tal y como muestran distintos informes publicados por European Network of Corporate Observatories, Observatoire des Multinationales, el Observatorio de Derechos Humanos y Empresas en el Mediterráneo (Novact y Suds), Shoal Collective, Pri-

---

ción y Análisis (UIA), y mucho antes, AVCS, Adjuntos a la Viceconsejería de Seguridad.

3. La dirección de Coordinación de Seguridad, encabezada por Asier Erkoreka, es la entidad que debe proponer, conjuntamente con la Dirección de Gestión de Telecomunicaciones y Sistemas Informáticos del Gobierno Vasco, «los estándares informáticos de las aplicaciones de gestión policial y de las bases de datos albergadas en el Centro de Elaboración de Datos de la Policía del País Vasco».

vacy International, Centre Delàs d'Estudis per la Pau, Transnational Institute, Business & Human Rights Resource Centre, Access Now, Amnistía Internacional o varias comisiones de investigación en el Parlamento Europeo.

Además, para acometer la transformación de la policía, el Gobierno Vasco diseñó planes y creó oficinas técnicas con la asistencia de consultoras por las que desfilan diversas personalidades del PNV, otro síntoma de lo que podríamos llamar el capitalismo de consultoría y puertas giratorias del sistema clientelar que opera en Euskadi. Atendiendo al trabajo del sociólogo noruego Thomas Mathiesen, podríamos referirnos a un modelo de gestión del Gobierno Vasco en el que la *lex mercatoria* de la globalización económica neoliberal convive con la *lex vigilatoria* del sistema de represión y control global de corte neoconservador.

El proceso de modernización que pretende culminar ahora la Ertzaintza fue iniciado en 2013. Meses antes, en octubre de 2012, el lehendakari Iñigo Urkullu sentenció: «ha llegado el momento de transformar» la policía vasca –denominada La Empresa en la jerga policial–, y establecer «un nuevo modelo de gestión, innovador y colaborativo, que prime el objetivo de la seguridad preventiva». Desde entonces, ha actualizado y desarrollado de manera considerable sus sistemas informáticos y de comunicaciones, con la innovación y las nuevas tecnologías como protagonistas.

Antes de eso, en 2011, el oasis vasco, con poco más de dos millones de habitantes, era ya el territorio europeo con más policías por habitante, cerca de 15.000 efectivos entre Ertzaintza (8.000), Policía Nacional (1.500), Guardia Civil (3.000) y cuerpos locales y forales (2.500). Siete años más tarde, en 2018, el periodista Danilo Albin apuntó que Euskadi tenía un total de 15.000 agentes armados, lo que suponía 6,9 efectivos por cada mil habitantes; por encima, según el Eurostat, del Estado europeo con más policías, Montenegro, que cuenta con 6,4.

El primer gran paso hacia «la Ertzaintza del futuro» fue el documento «Reflexión Estratégica 2013-2016». Entre sus objetivos figuraba la mejora de los «instrumentos de control», «adecuar las estructuras de información» para «orientarlas hacia las nuevas amenazas»[4], «establecer un modelo integrado de inteligencia en toda la estructura organizativa» e «incentivar la cultura de la innovación». Sobre este proceso de reflexión, Eugenio Artetxe, en aquel momento responsable de la Asesoría Jurídica de la Ertzaintza y ahora director de Justicia en el Gobierno Vasco, comentó lo siguiente: «Las nuevas tecnologías también generan nuevas posibilidades para la Policía, habrá que invertir más en la tecnificación policial para dotarla de medios avanzados y de formación

---

4. v Congreso de Seguridad Privada de Euskadi celebrado en 2021.

especializada, y ello va a precisar nuevas habilitaciones legales compatibles con la preservación de derechos y libertades»[5].

En consecuencia, uno de los cuatro ejes del Plan Horizonte 2016 de la policía vasca consistió en «establecer un programa de alianzas de ámbito privado» para desarrollar la tecnificación del cuerpo. Esa estrategia de actuación sigue reforzándose en la actualidad, ya que el vicelehendakari primero y consejero de Seguridad, Josu Erkoreka, sigue apelando a la colaboración público-privada «para responder a la demanda, cada vez mayor, de una seguridad pública integral, cohesionada y moderna», y así hacer frente a «las nuevas y cambiantes amenazas». El propio Gobierno Vasco ha previsto la creación de «mecanismos de coordinación y cooperación, estructurada y estable, entre entidades de seguridad pública y privada»[6].

Como segundo eje en la modernización de la Ertzaintza, una de las líneas de acción en torno a la seguridad pública incluidas en la Agenda Digital de Euskadi 2020 consistía en aplicar las llamadas Tecnologías de la Electrónica, la Información y las Comunicaciones (TEIC) «en los procesos de gestión de la seguridad de la ciudadanía». Las TEIC fueron implementadas en «proyectos para el

---

5. Congreso de los Diputados, debate sobre el modelo policial del siglo XXI, septiembre de 2018.

6. Presupuestos del Gobierno Vasco para el año 2023.

procesado inteligente de la información que, en diversos formatos y por diferentes vías, están o pueden estar a disposición del Departamento de Seguridad», «buscando poder anticiparse a los incidentes, en lugar de responder una vez han ocurrido».

La continuidad de este proceso se observa en los Presupuestos del Gobierno Vasco para el año 2023, en los que mencionan que el Departamento de Seguridad se ha marcado como objetivo el «desarrollo de proyectos basados en la inteligencia», así como la «mejora y evolución tecnológica» del Sistema de Información, de las Infraestructuras de Comunicaciones, de los Sistemas Informáticos y de las Infraestructuras de Tecnologías.

El dinero que quita la seguridad

El periodista Luis Miguel Barcenilla señaló en *Hordago-El Salto* que en 2022 el gasto policial medio español supera el europeo, por encima de países como Dinamarca, Finlandia o Suecia, pero se sitúa a la cola si tenemos en cuenta el gasto para políticas familiares, niñez o exclusión. En septiembre de 2023, el consejero de Seguridad del Gobierno Vasco, Josu Erkoreka, declaró que la Ertzaintza, con sus 8.107 puesto de trabajo, «es una de las policías mejor dotadas del panorama», que está haciendo «inversiones materiales por valor de 200 millones de euros, destinando partidas a infraestructuras tecnológicas, compra de vehículos con y sin distintivos, furgonetas, helicóptero, drones, etc».

El Gran Hermano de Euskadi va a costar varios miles de millones al erario público. Del presupuesto oficial del Gobierno Vasco, el Departamento de Seguridad se ha llevado un total de 4.132,7 millones de euros entre los años 2018 y 2023. La cifra es similar a la cantidad presupuestada para el Plan de Desarrollo Industrial e Internacionalización 2021-2024. Para el año 2024, la Consejería de Seguridad contará con otros 790,1 millones, un 5,9 % más que el ejercicio anterior, y destinará 41,3 millones a informática y telecomunicaciones. Es decir, entre los años 2018 y 2024, han destinado 4.922,8 millones para la Ertzaintza, una cifra cercana al fondo europeo para la Gestión Integrada de las Fronteras del periodo 2021-2027: 5.241 millones. Como indicador de hacia dónde se dirige la apuesta por el nuevo modelo de control social de la policía vasca, cabe destacar que 154,3 millones han sido destinados entre 2021 y 2024 al apartado de telecomunicaciones e informática[7].

7. Para el año 2021, el presupuesto del Departamento de Seguridad abarcaba 691,8 millones de euros, un 3,1 % más que el año anterior. Una de las cuatro partidas más relevantes consistía en 36,5 millones para los «dispositivos de telecomunicaciones, electrónicos e informáticos fijos y móviles»; es decir, el 28,3 % del total destinado al capítulo de programas del Departamento de Seguridad. En 2022, el presupuesto de la Ertzaintza ascendió a 725,1 millones

Además, en el informe Euskadi Next (2021-2026) se habla del plan Security First, a cargo de la Sociedad Informática del Gobierno Vasco (EJIE), que, entre otras tareas, va a «monitorizar la seguridad» y hacer frente a «posibles amenazas». Costará, según las previsiones, 45,6 millones de euros, de los que casi 26 serán aportados por los fondos europeos y el resto por el Gobierno Vasco, vía presupuestos ordinarios.

En dicho informe encontramos un ejemplo del patrón que sigue el Gobierno Vasco en torno al gasto en el nuevo modelo de seguridad. El documento menciona la creación de un sistema de evaluación e implementación de medidas de ciberseguridad para el parque móvil de vehículos de la Ertzaintza, con un coste de seis millones de euros. El contrato, aspirante a ser cofinanciado con fondos europeos, ha sido adjudicado por la agencia pública vasca de desarrollo empresarial (SPRI), sin publicidad, a la empresa Eurocybcar. Las puertas giratorias desveladas por *Hordago-El Salto* explican el procedimiento de contratación: el jeltzale Alex Arriola empezó a trabajar como directivo en la adjudicataria pocos días después de abandonar su cargo de director general de

---

de euros, un 4,8 % más que el año anterior. El 24,8 % del total de lo gastado en programas del Departamento de Seguridad fueron para el capítulo de «informática y telecomunicaciones», 36 millones. El presupuesto para 2023 se había fijado en 746,3 millones de euros, un 3 % más que el año pasado. Para este año, el 26,7 % de lo destinado a programas irá a parar a «informática y telecomunicaciones», 40,5 millones.

SPRI, precisamente la entidad pública responsable de la licitación; previamente, había sido presidente de la Junta Municipal del PNV de Eibar. La representante de Eurocybcar, Azucena Hernández, en cambio, fue la mano derecha de José Luis Cortina, exjefe de la Agrupación Operativa de Misiones Especiales (AOME) de los servicios secretos españoles. Cortina es a su vez fundador de la empresa de seguridad Ombuds, en su momento una gran contratista del Gobierno Vasco para labores de escolta.

Consultorio policial

Los planes y oficinas técnicas creados para implementar la modernización de la Ertzaintza cuentan con la asistencia de consultoras privadas por las que pasan importantes personalidades de la política vasca.

El *modus operandi* de puertas giratorias, clientelismo y capitalismo de consultoría del que personalidades del PNV han hecho su *modus vivendi* está presente, por ejemplo, en la Oficina Técnica para el Desarrollo de la Estrategia de Comunicaciones Críticas sobre Red de Banda Ancha del Departamento de Seguridad. La asistencia técnica a esta oficina encargada de evolucionar del 4G al 5G, para incrementar la velocidad y reducir el tiempo de respuesta, corrió a cargo de Idom, con el objetivo de «suplir la falta de recursos propios de la Administración para el desarrollo de una estrategia en el complejo sector tecnológico», según reza el contrato.

La directora de Transformación Digital y Emprendimiento del Gobierno Vasco, Leyre Madariaga, se formó como comercial internacional en Idom antes de comenzar a escalar posiciones en la Administración pública vasca. Por las puertas giratorias de Idom han desfilado personalidades del PNV como José Alberto Pradera, ex diputado general de Bizkaia implicado en los papeles del Panamá, o Federico Bergareche, exdiputado de Presidencia en Bizkaia. Idom, a su vez adjudicataria del servicio de asesoramiento y soporte en la gestión y evolución de la red de fibra óptica de la Ertzaintza, fue sancionada en 2021 por la Comisión Nacional de los Mercados y la Competencia (CNMC) a raíz de su participación en un cártel de consultoras que se repartía contratos de la Administración pública de la Comunidad Autónoma Vasca[8], según el recurso de alegaciones de otra de las multadas, Deloitte, «en connivencia» con las autoridades de dicha Administración.

Con PWC se repite el patrón. También sancionada en 2019 por la CNMC y dirigida por el exburukide de Asier Atutxa, hijo del exconsejero de Interior

8. Entre las sancionadas por la CNMC figura la consultora 97 S&F, creada por Pedro Altamira, exdirector de la Unidad Técnica Auxiliar de la Policía, entidad dependiente de la Ertzaintza.

del Gobierno Vasco Juan Mari Atutxa, se ha hecho cargo de contratos como el desarrollo e implantación del nuevo modelo de gestión integral Ekinbide (Oficina de Iniciativas Ciudadanas para la Mejora del Sistema de Seguridad Pública) de la Ertzaintza, y también de otros tres contratos: la elaboración de la carta de servicios en materia de coordinación de policías locales; el desarrollo de un marco para la elaboración de planes integrales de seguridad locales, comarcales y/o territoriales específicos; y un apoyo a la identificación y gestión de los operadores e infraestructuras estratégicas. Atutxa dirige la consultora en compañía de exaltos cargos de la Hacienda foral vizcaína: los jeltzales Javier Urizabarrena y Aitor Soloeta.

Por otro lado, el contrato público para el servicio de consultoría para el seguimiento, evaluación y cierre del Plan General de Seguridad Pública de Euskadi 2020-2025 fue a parar a manos de Teknei, dirigida por Joseba Lekube, responsable del PNV en México y considerado «el nuevo rey de la informática vasca» por el medio digital sobre negocios *Gananzia.* Bajo el argumento de «generar un sistema de protección de infraestructuras sensibles propias de la Comunidad Autónoma Vasca mediante la colaboración público-privada», Teknei también resultó ser adjudicataria del contrato para la definición y desarrollo del Plan de Acción de la Ertzaintza en la Persecución del Cibercrimen. Teknei, a su vez encargada de la evolución y el mantenimiento de la red policial Euskarri, por valor de más de medio millón de euros, está siendo investigada por la Autoridad Vasca de la Competencia (AVC) por una presunta trama de prácticas colusorias en contratación pública.

Otra de las consultoras investigadas por la AVC, LKS, se llevó el contrato para el servicio de soporte para la realización de una reflexión estratégica del Plan de Seguridad de la Ertzaintza y también el servicio para la redacción del Plan General de Seguridad Pública de Euskadi 2020-2025. Aquí tampoco faltan las puertas giratorias. Un exdirector del gabinete de la viceconsejería de Seguridad del Gobierno Vasco, Joseba Bilbao, ejerce ahora como director de desarrollo de negocio de LKS.

Además, Deloitte –sancionada en 2019 por la CNMC– y Accenture fueron requeridas en relación a dos contratos, ambos de asistencia técnica para la elaboración del Plan Estratégico de Tecnologías de la Información y Comunicaciones para la Seguridad Pública de Euskadi 2020-2024. La propia Accenture se acaba de hacer con el servicio para la elaboración de un Plan de Evolución de Ciberseguridad, mientras que Deloitte también fue elegida para aportar sus servicios al sistema de información y gestión de Recursos Humanos de la Ertzaintza[9].

Los contratos no son cuantitativamente muy significativos por su importe, pero sí cualitativamente por el objeto del servicio. Ponen de manifiesto que la modernización de la Ertzaintza, apoyada en contratistas mencionadas en la filtración Spy Files de WikiLeaks o que distribuyen tecnología como el spyware Pegasus israelí, cuenta con la asistencia del capitalismo de consultoría ligado a las prácticas colusorias en contratación pública.

---

9. La reincidencia de la Administración pública a la hora de contratar a consultoras bajo sospecha alcanza Deusto Sistemas, también integrada en el cártel investigado por la AVC. La han elegido para dar asistencia a la Oficina Técnica de Gestión de Software de la Consejería de Seguridad y también a la ampliación y renovación del mantenimiento de las licencias del software BMC. Por último, la asistencia para la Oficina Técnica de Proyectos de Seguridad corre a cargo de Nextel, una consultora que se fusionó en 2018 con la vasca S21sec, esta última contratista de la Ertzaintza y distribuidora de tecnología israelí. Nextel también fue elegida para el servicio de adecuación al Plan de Protección de Infraestructuras y Servicios Esenciales de Euskadi.

3

Control de las comunicaciones

Sistema de escuchas de *la casa jeltzale*

Los escándalos por *affaires* ligados a escuchas ilegales y espionaje[10] han salpicado a la Ertzaintza a lo largo de su historia. Desde la intervención de comunicaciones telefónicas al exlehendakari Carlos Garaicoechea, por la que fueron condenados varios mandos del cuerpo, pasando por las escuchas al entonces senador de Herri Batasuna Iñigo Iruin, a quien grababan cuando mantenía conversaciones con representantes sindicales de la policía vasca, hasta la intervención del teléfono de un periodista del diario *El Correo*, Óscar Beltrán de

---

10. Más recientemente, en 2013, Josu Izaguirre, el fiscal de Araba que se encaraba de un asunto de espionaje denominado «caso Tellería», trama que afectaba a un exburukide y un alto mando de la Ertzaintza, denunció que su investigación en torno a «determinados ámbitos de poder» había sido «bombardeada por tierra, mar y aire» por «elementos extraños». Es decir, sus pesquisas fueron saboteadas.

Otalora, un hecho criticado en 2007 por la Federación de Asociaciones de Periodistas de España.

El sistema de intervención de las comunicaciones de la Ertzaintza no ha estado siempre en manos de empresas extranjeras. Antes de encargar el sistema a la empresa israelí Verint Systems en 2003, el Gobierno Vasco contrataba a Telion SA, una empresa vasca de confianza, para el servicio de mantenimiento del anterior sistema, entonces denominado Sistema de Monitorización Telefónica de la Ertzaintza, con un coste de 85.000 euros. En aquella época, Telion estaba controlada por Dominion y Urazca, ambas vinculadas a importantes apellidos del PNV.

En 1999, Dominion había alcanzado un acuerdo con la israelí ECI Telecom para proveer equipos a la Ertzaintza y otros cuerpos de seguridad. Poco después, Telion se encargó del mantenimiento del Sistema de Monitorización Telefónica de la Ertzaintza, hasta noviembre del 2003, fecha en la que la actualización del sistema fue encargada a Verint Systems. Para octubre de 2003, la firma israelí ya tenía acordado que iba a comprar el negocio de «vigilancia gubernamental» de ECI Telecom. Entre 1999 y 2004, la presidencia de Dominion la ostentó Abel Matutes[11], ministro de

11. En su etapa de ministro de Asuntos Exteriores, fue interpelado en 1997 por la relación de una filial de Telefónica en el «caso Montesinos» de escuchas telefónicas a la oposición y periodistas en Perú, a lo que respondió: «Es un asunto interno que deben resolver las

Asuntos Exteriores del primer gabinete de José María Aznar que contó con el apoyo del PNV (y criticado recientemente por manejar una sociedad en Panamá). A partir de 2004, Dominion pasó a estar presidida por Antón Pradera, consejero de la firma desde 1999 y hermano del jeltzale José Alberto Pradera[12], ex diputado general de Bizkaia cuyo nombre figura en los papeles de Panamá.

Por su parte, Urazca era propiedad de Javier Uría[13], exalcalde de Zeberio y una figura de la élite

---

autoridades peruanas». Más tarde, como presidente de Dominión, lideró la firma de un acuerdo con la israelí ECI Telecom para vender equipos a Telefónica. Una filial de la firma israelí, ECI Telesystems, había suministrado equipos al Gobierno de Perú encabezado por Alberto Fujimori utilizados en la trama de espionaje del «caso Montesinos».

12. La última renovación de la Red de Telecomunicaciones de la Ertzaintza ha supuesto la creación de «una nueva red de radioenlaces de tecnología híbrida IP-TDM», adjudicada por 1,5 millones a Comsa, firma vinculada a las comisiones ilegales del 3 % en Catalunya y de la que fue director en Euskadi el excargo público jeltzale José Alberto Pradera.

13. Uría fue consejero de la editorial del diario jeltzale *Deia* y presidió el Athletic de Bilbao, cargo desde el que mantuvo estrechas relaciones con Florentino Pérez. El presidente del Real Madrid extendió sus tentáculos hacia el oasis vasco contratando los servicios de Fernando Lamikiz, abogado y expresidente del Athletic de Bilbao. En su desembarco, Pérez compró Tecesa, empresa del sector ferroviario en la que había trabajado como asesor jurídico el jeltzale Aitor Esteban. Algunas empresas de Pérez también son contratistas de la Ertzaintza. El soporte técnico de los sistemas operativos y las infraestructuras tecnológicas de la Consejería de Seguridad del Gobierno Vasco, con un coste cercano al millón de euros, ha pasado a estar en manos de Sermicro, grupo controlado por Florentino Pérez. Otra firma manejada por Florentino Pérez, la Sociedad Ibérica de Construcciones Eléctricas, es la encargada del mantenimiento del equipamiento ITS (Sistemas Inteligentes de Tráfico) de

vasca que apadrinó la carrera política de Itxaso Atutxa, exteniente alcalde de Zeberio y presidenta del Bizkai Buru Batzar. Urazca figura en los «papeles de Bárcenas» y en la trama de comisiones ilegales de burukides del PNV denominada «caso De Miguel».

Resulta que el primer contrato para el mantenimiento del sistema de monitorización telefónica fue firmado por el entonces viceconsejero de Interior, Xabier Aguirre, más tarde diputado general de Araba que nombró teniente de la Diputación a Alfredo De Miguel, principal condenado por el denominado «caso De Miguel».

Contrato secreto

Dos días después del porrazo que fracturó la nariz al responsable de Industria de CCOO Javi Gómez en Barakaldo y a dos semanas del pelotazo que rompió la mandíbula al joven Nahuel Gómez en Donostia, el 3 de febrero de 2021 el consejero de Seguridad Josu Erkoreka afirmó que la Ertzaintza «es una policía democrática con unos estándares de transparencia al máximo nivel». No obstante, él mismo declaró secreta una de las inversiones más importantes en materia tecnológica por parte

---

la Ertzaintza y suministra equipos para la red de comunicaciones de la policía vasca.

del Gobierno Vasco: el Sistema de Intervención Legal de Comunicaciones, antes denominado Sistema de Monitorización Telefónica y popularmente conocido como el sistema de escuchas.

Cuando en el Parlamento Vasco se le requirió información sobre el contrato para la evolución de este sistema, Erkoreka contestó lo siguiente: «En respuesta a las cuestiones planteadas en su iniciativa, le participo que este expediente de contratación fue declarado secreto por Orden de la Consejera el 2 de junio de 2020, para evitar el acceso público a las posibilidades y limitaciones y, en general, a los medios técnicos empleados por la Ertzaintza para llevar a cabo las Intervenciones Legales de Comunicaciones, por lo que requiere una protección en cuanto a su disponibilidad, no pudiendo ser difundida fuera de la organización policial porque su descubrimiento, revelación o divulgación perjudica el buen fin o el eficaz desarrollo de la actividad policial».

Esta inversión, camuflada en los presupuestos de la Ertzaintza bajo la denominación «sistema para ILC», resulta de vital importancia para la Ertzaintza debido a «la problemática sobre la gestión y control judicial del elevado volumen de datos vinculados a la intervención de las comunicaciones»[14].

---

14. Contenido de la reunión del 4 de junio de 2021 en la Comisión Nacional de Coordinación de la Policía Judicial, convocada por el presidente del Tribunal Supremo y en la que participó la Ertzaintza.

En la actualidad, la Consejería de Seguridad del Gobierno Vasco utiliza un software para la intervención legal de las comunicaciones fabricado por Verint Systems, firma israelí de inteligencia que trató de comprar a NSO Group, la distribuidora de Pegasus. *Hordago-El Salto* desveló que, al menos desde 2006, el mantenimiento del Sistema de Intervención Legal de Comunicaciones utilizado por la Ertzaintza está en manos de Excem[15], representante en el Estado español de Verint Systems y proveedora tecnológica del Ministerio de Defensa y de la «policía patriótica» del PP, implicada en corruptelas y operaciones de espionaje contra el extesorero del partido Luis Bárcenas, el partido político Podemos o el independentismo catalán.

Concretamente, fueron tres las firmas invitadas por el Gobierno Vasco a participar en la última licitación del sistema de intervención de las comunicaciones: la española Excem (representante de la israelí Verint Systems), la italiana Dars Telecom y la británica BAE Systems[16]. Las tres «intermedian con NSO Group para la distribución de su programa

15. En noviembre de 2023, la Ertzaintza contrató a Excem para el servicio de «extracción y archivado de evidencias judiciales».

16. El Ministerio del Interior español contrató a BAE Systems, uno de los gigantes de la seguridad europea, para proporcionar el sistema nacional ANPR (Automatic Number Plate Recognition) de reconocimiento de matrículas. En esta línea, cabe señalar que Federal Signal, empresa distribuidora de un sistema de Reconocimiento Automático de Matrículas, ha venido suministrando material de dotación para los vehículos patrulla de la Ertzaintza.

espía» Pegasus, según fuentes de Seguridad del Estado citadas por el diario catalán *El Periódico*.

Tal vez por estos motivos, el expediente del contrato del sistema de intervención de las comunicaciones utilizado por la Ertzaintza ha sido declarado «secreto» por el Ejecutivo de Iñigo Urkullu. Mientras parte de la agenda política española estaba influenciada por el *affaire* Pegasus, el guion del PNV fue el habitual: mantener el papel de víctima en esta trama mientras maniobraba para que no salieran a la luz los detalles sobre el sistema de intervención de las comunicaciones de la Ertzaintza.

Fabricado en Israel

Un documento fechado en julio del 2020 y firmado por el jefe de Inteligencia Operativa de la Oficina Central de Inteligencia de la Ertzaintza, Raúl Alberto Otaola, reconoce que el Departamento de Seguridad del Gobierno Vasco «dispone de un Sistema de Intervención Legal de Comunicaciones fabricado por la empresa israelí Verint Systems». El documento añade que su «único y exclusivo representante en el Estado español» es el citado Grupo Excem, quien «presta sus servicios de soporte y mantenimiento, así como el suministro de componentes y materiales precisos para el funcionamiento del Sistema».

El grupo español Excem también acreditó ser el único distribuidor oficial del Sistema de Intervención Legal de Comunicaciones, modelo Reliant, fabricado por Verint Systems. Pero, además, como accesorio para ese sistema, la Ertzaintza le adquirió a la misma empresa una sonda Ip-Prober. Cabe mencionar que, según denunció la entidad Privacy International, el Gobierno de Colombia utilizó un sistema llamado Plataforma Única de Monitoreo y Análisis (PUMA) que funcionaba precisamente con la tecnología de monitoreo Reliant y 16 sondas Ip-Prober. El Departamento Administrativo de Seguridad (DAS) colombiano usó esta tecnología para vigilar la red de comunicaciones, pero finalmente, se investigó a la agencia de inteligencia colombiana por actividades ilegales, y esta fue disuelta debido al «espionaje y acoso a personas del ámbito político y periodístico, activistas y jueces/juezas de la Corte Suprema que se oponían al gobierno de Álvaro Uribe»[17].

Excem Technologies se presenta en su página web como «una empresa de alta tecnología, con capital privado que forma parte del Grupo Excem». Esta firma provee «soluciones tecnológicas en los campos de Seguridad y Protección de Infraestructuras, Seguridad Nacional, Defensa,

17. Información recogida en el informe «Tecnología de vigilancia en América Latina: Hecha en el exterior, utilizada en casa», publicado por Access Now.

Inteligencia y Telecomunicaciones». La compañía fue creada en 1971 por Mauricio Hatchwell, un empresario nacido en Marruecos y vinculado al ámbito del petróleo, expresidente de la Federación Sefardí y galardonado por la Orden de Mérito Civil del Gobierno de España y la Fundación Príncipe de Asturias. El heredero, David Hatchwell, cerebro del fallido proyecto EuroVegas en Madrid, es exvicepresidente de la Federación de Comunidades Judías de España, pero también el principal embajador del capital israelí en el Estado español. La familia Hatchwell sería muy cercana al primer ministro de Israel, Benjamin Netanyahu, según publicó *El Confidencial.*

Por su lado, los lazos de Verint Systems, proveedora de Excem, alcanzan la administración estadounidense. Kenneth Minihan, exdirector de la NSA (Agencia Nacional de Seguridad) durante tres años, dejó su puesto para convertirse en directivo de Verint Systems entre 1999 y 2005. A principios de la década de los 90, ambos iniciaron una estrecha cooperación en «la implantación de proyectos de sistemas de análisis de comunicaciones militares». Verint Systems era conocida entonces como Efrat, creada por Boaz Misholi y Jacob Alexander, formados en el Ejército israelí y en sus servicios de inteligencia.

La Ertzaintza fue pionera en los contactos de las Fuerzas de Seguridad del Estado español con Verint Systems. La relación del Gobierno Vasco con el software creado por la empresa israelí comenzó en el año 2003, cuando se firmó el primer contrato de «actualización de un sistema de monitorización telefónica» de la Ertzaintza. Este servicio fue adjudicado a la empresa por más de un millón de euros. Meses más tarde, el entonces consejero de Interior, Javier Balza, contrató a Verint Systems para el «mantenimiento» del sistema por 159.698 euros.

En 2006, se amplió el sistema y el contrato pasó a manos de la española Excem –como se ha dicho, representante española de Verint Systems– por una cuantía de 999.980 euros. A partir de esa fecha, el «mantenimiento» del sistema también fue encargado a Excem; costó 446.116 euros en 2008, 617.922 euros en 2013 y 786.076 euros entre 2017 y 2020. Además, en 2012, la Ertzaintza alquiló a Excem un servicio de «sondas para líneas ADSL» por 196.020 euros. En 2022, el contrato para el mantenimiento del sistema tuvo un coste de 223.245 euros y fue prorrogado hasta la actualidad por 148.830 euros anuales.

En total, más de 4,7 millones de euros adjudicados a Verint Systems y Excem, por el procedimiento de negociado sin publicidad, es decir, un proceder en el que está permitido omitir el periodo de publicidad de la licitación y se invita directamente a un operador para negociar las condiciones de la contratación a realizar. No es posible conocer si existen más contratos o si estas firmas han penetrado aún más en la Administración pública porque la Ertzaintza lleva décadas entregando partidas millonarias de «fondos reservados», usados, entre otras cuestiones, para «recabar información sobre determinados colectivos», cuya información no es objeto de ninguna transparencia. Es un proceder admitido por el propio PNV. Así lo recoge y documenta Txema Ramírez de la Piscina en su obra *Ertzaintza, héroes o villanos: pasado y presente de la Policía Autónoma vasca* (Txalaparta, 1992).

Intento de comprar Pegasus

La División de Exportación y Cooperación del Ministerio de Defensa de Israel (SIBAT) es la culpable de que NSO Group, fabricante de Pegasus, haya alcanzado semejante fama a nivel mundial, pues ha autorizado la salida del país de estas tecnologías. Ahora bien, Verint Systems es otra de las firmas a las que promociona en el stand del SIBAT durante las ferias internacionales. Como se apuntaba en el diario *Haaretz* durante una entrevista con la activista Naomi Klein, datada en abril del 2020: «Israel se ha convertido en una potencia cibernética ofensiva, en particular por dos grandes empresas que venden herramientas de espionaje en todo el mundo, Verint Systems y NSO».

Según publicó *The Wall Street Journal* en 2018, Verint Systems estuvo a punto de comprar NSO Group en una operación que rondaría el billón de dólares, un enorme aumento en valoración en el mercado si se tiene en cuenta que fue comprada cuatro años antes por 1,1 millones de dólares. Entonces, Citizen Lab, la entidad que desveló la trama de espionaje de Pegasus, indicaba que «estas trayectorias paralelas» de Verint Systems y NSO Group «sugieren que la preocupación por los derechos humanos» contra los que atenta el «spyware comercial avanzado» no ha sido tenido en cuenta por las administraciones públicas que han comprado su tecnología.

En este sentido, Verint Systems ha sido denunciada por Amnistía Internacional y el Observatorio de Derechos Humanos del Norte de África y Oriente Medio por suministrar hardware y software de espionaje utilizado por distintos gobiernos «para facilitar la comisión de violaciones de derechos humanos» y «detener a opositores». Según Privacy Internacional, esta empresa también entregó tecnología que los gobiernos de Kazajistán y Uzbekistán utilizan para espiar las comunicaciones de sus ciudadanos y reprimir la disidencia.

En Europa, Verint Systems también ha trabajado para la Interpol en un programa no exento de polémica, pues se encargaba de rastrear plataformas como YouTube o Facebook a fin de identificar una grabación de voz y ponerla a disposición de las fuerzas de seguridad, sin la autorización de quienes son grabados. En 2011, nada menos que el Comité Permanente de Revisión de las Agencias de Inteligencia de Bélgica la vinculó a una trama de espionaje a diplomáticos franceses, alemanes, españoles y británicos. «No hay pruebas contundentes [de que el Mossad haya llevado a cabo la operación]», explicó el parlamentario belga Peter De Smet. «Pero en realidad era un equipo de escucha de última generación que se colocó en 1993 o 1994 y no había muchos países que tuvieran los medios en ese momento».

Hace dos años, además, el Partido Socialdemócrata de Andorra presentó una batería de preguntas relacionadas con los contratos de interceptación telefónica adjudicados a Excem. Preguntó «para aclarar tanto el protocolo de funcionamiento como el uso de la maquinaria y el software que permite interceptar las comunicaciones», conocer «qué perfiles o casuísticas han sido objeto o sujeto de la intercepción de las comunicaciones», y explicar «qué uso se hace de los datos grabados y quién tiene acceso a estos datos». La página web del parlamento andorrano sigue sin publicar la respuesta a la solicitud.

Suministros para la «policía patriótica»

La policía vasca fue pionera en el uso de tecnología creada por esta empresa israelí, pero no la única. Buena parte de los contratos para actualizar conocidos sistemas de escuchas de la policía española están vinculados a Excem.

El portavoz del PNV en el Congreso español, Aitor Esteban, afirmó tener la certeza de haber sido objeto de pinchazos telefónicos en la época del Gobierno del PP, durante la moción de censura contra Mariano Rajoy. No obstante, ambos partidos han contratado a la misma empresa para desplegar sus servicios de escuchas entre los cuerpos policiales españoles y vascos[18].

Durante la última legislatura de José María Aznar como presidente del Gobierno, quien en octubre de 2001 era su ministro del Interior, Mariano Rajoy, impulsó un sistema de interceptación y grabación de comunicaciones para modernizar los antiguos pinchazos telefónicos. Así nació el Sistema de Interceptación Legal de las Telecomunicaciones (SITEL), utilizado por la Ertzaintza más tarde, según desveló el diario *El País*.

Este sistema se inauguró en una operación antidroga en Pontevedra, pero alcanzó su éxito en 2004, cuando habría contribuido a localizar a los integrantes de la célula yihadista que cometió los atentados del 11M. Entonces, el Ministerio del

18. En 2001, el diario catalán *La Vanguardia* publicó un artículo, titulado «Los oídos del Imperio», en el que aseguraba que el uso de la red de espionaje de las telecomunicaciones denominada Echelon estaría detrás del desmantelamiento del Comando Donosti de ETA. Poco antes, el diario británico *The Guardian* había publicado que el entonces presidente del Gobierno español José María Aznar había requerido el uso de la red Echelon para espiar a ETA.

Interior gastó otro millón de euros en el «mantenimiento y soporte 24x7 de los sistemas de interceptación legal de las telecomunicaciones de dos centrales de monitorización integradas en SITEL: SILDAT del Cuerpo Nacional de Policía y GOLF de la Guardia Civil». Y en junio de ese mismo año adjudicó el contrato de «suministro del equipamiento hardware y software necesarios para la integración, ampliación y actualización de los Sistemas de Interceptación Legal de las Telecomunicaciones», valorado en casi nueve millones. El programa permitía a la policía y Guardia Civil intervenir bajo control judicial miles de llamadas y mensajes de investigados, y obtener información en tiempo real sobre los interlocutores y su ubicación[19]. En todos los casos, la empresa adjudicataria era la división de telecomunicaciones de Excem Grupo 1971 SA, la antigua Exportadora Española de Cementos Portland que ejerce de representante de la israelí Verint Systems y también trabaja con la Ertzaintza.

Una década después, en 2014, el Ministerio del Interior del Gobierno del PP que albergó la «poli-

19. De hecho, este sistema ha sido tan útil para los cuerpos del Estado que el Gobierno quiso en 2014 regularizar su utilización a través de un texto legal. Tras estallar el *caso Snowden*, la entonces vicepresidenta del Gobierno, la popular Soraya Sáenz de Santamaría, anunció la intención del Ejecutivo de hacerlo por medio de la reforma de la Ley de Enjuiciamiento Criminal que prepara el Ministerio de Justicia. Durante los últimos años los diferentes responsables de este Ministerio –incluido Fernando Grande-Marlaska– han invertido partidas millonarias, cercanas a los 15 millones, en actualizar el sistema.

cía patriótica» conectada a las «cloacas del Estado» adjudicó a Excem otro contrato por un valor de 1,3 millones. Además, en 2019, resultó ser adjudicataria de otro, valorado en un millón y medio de euros, para el «suministro de un sistema de interceptación y monitorización de las comunicaciones».

Paradójicamente, también una de las víctimas de dicha vigilancia, la Generalitat de Catalunya, contrató a Excem, en 2017, en este caso para dar servicio de soporte y mantenimiento del sistema de interceptación legal de las comunicaciones (SILTEC) de la Dirección General de la Policía del Departamento de Interior.

Según los datos que aparecen en la plataforma de contratación del Estado, el grupo Excem habría recibido un total de 19 millones de euros en 26 contratos públicos. Estos incluyen contratos de diversas administraciones públicas españolas, como el Ministerio de Defensa.

Excem fue contratada también para suministrar al Ejército un programa de Verint Systems diseñado para interceptar comunicaciones móviles. En concreto, esta firma es la adjudicataria del mantenimiento de las soluciones Engage GI2 y PI2, un sistema de interceptación de telefonía móvil que utiliza unos maletines o mochilas «espía» para escuchar conversaciones en un rango de 500 metros de distancia. Hace dos años, la firma también recibió el encargo del Ministerio de Defensa para dar soporte y mantenimiento a «los sistemas de guerra electrónica». Al margen de los servicios prestados, también ha suministrado a la Armada «equipos para operaciones de paz».

Detrás de estas adjudicaciones había un entramado de puertas giratorias facilitadoras de influyentes agendas de contactos con información privilegiada. Julián García Vargas, ministro de Defensa entre 1991 y 1995, pasó a ser consejero delegado de Excem en 1996, cargo que ocupó hasta finales del 2006, cuando Excem comenzó a actualizar el Sistema de Monitorización Telefónica de la Ertzaintza. Había dimitido de su cargo de ministro después de que el diario *El Mundo* destapara la trama de espionaje del teniente general Emilio Alonso Manglano, director general del Cesid en esa época. En esa trama espiaron, entre otros, a cargos de Herri Batasuna, y en 1998, el equipo de investigación del diario *Egin* desveló la identidad de los agentes del Cesid que habían intervenido, desde 1990 y sin autorización judicial, la centralita telefónica de la sede de HB en Gasteiz. En 2003, Emilio Alonso Manglano y su sucesor, Javier Calderón, fueron condenados por el espionaje a HB.

Cuando se destaparon las escuchas a HB, el cargo de ministro de Defensa lo ocupaba Eduardo Serra. En la actualidad preside Everis, la firma que está a cargo del Plan de Renovación de la Intranet del Departamento de Seguridad del

Gobierno Vasco. En la década de los años 80, la empresa italiana Telettra, proveedora del Ejército español y de la que fue presidente el exministro de Defensa Eduardo Serra, suministró e instaló las antenas parabólicas del sistema de comunicaciones del Departamento de Interior del Gobierno Vasco y a su vez era proveedora de la OTAN[20]. Otro exministro de Defensa, Pedro Morenés[21], nacido en Getxo, preside la firma Amper, contratista de la Ertzaintza en el área de la red de radiomóvil.

Más distribuidoras de Pegasus entre las invitadas

Subido a la tribuna del Congreso de los Diputados, Aitor Esteban afirmaba el 8 de febrero de 2023 que «un cierre en falso del caso Pegasus» no ayudaría «a la mejora del sistema democrático» e indicaba que sería más «propio» pluralizar y «hablar de

---

20. Cabe recordar que la creación de la Ertzaintza estuvo precedida de un informe encargado por petición del PNV a expertos internacionales en materia de terrorismo y asesores de la OTAN como Brian Jenkins, del gigante de la seguridad Rand Corporation de California; Peter Yanke, de la Control Risk de la Lloyds; o Hans Joseph Horchem, expresidente de la Bundesverfassungsschutz (Policía Federal) de Hamburgo. La antena de la CIA en la Ertzaintza era Ramón Villalonga, asesor de la policía vasca.

21. Morenés también presidió Segur Ibérica, empresa de seguridad privada beneficiada con contratos del Gobierno Vasco junto a firmas como Prosegur o Eulen, estas dos últimas vinculadas a las carreras de los exministros Rafael Arias Salgado y Jaime Mayor Oreja, respectivamente.

los espionajes». Días antes, Esteban señalaba que «nadie tiene certeza de no ser espiado» y exigía a Pedro Sánchez desclasificar documentos.

Pero, mientras en Madrid pedía desclasificar documentos de la trama de espionaje Pegasus, el PNV declaraba «secreto por razones de seguridad» el expediente para la «evolución del Sistema de Intervención Legal de Comunicaciones de la Ertzaintza». Según desvela una resolución del Órgano Administrativo de Recursos Contractuales (OARC) de Euskadi, el Gobierno Vasco estaba tratando de ocultar su relación con las empresas israelíes que facilitan el espionaje a la Ertzaintza. «Al tratarse de un expediente declarado secreto por razones de seguridad, [debe garantizarse] de la manera más estricta posible la confidencialidad y el secreto de la información», señalaba el Gobierno Vasco en sus alegaciones al OARC.

La citada resolución del OARC tiene su origen en julio del 2020, cuando se destapó un escándalo mundial al publicarse que el programa Pegasus había espiado a líderes de todo el planeta, incluidos los independentistas catalanes. El hecho de que la empresa involucrada fuera la firma israelí NSO Group puso en jaque los planes de la Consejería de Seguridad del Gobierno Vasco en torno a la adjudicación de sus sistemas de intervención de las comunicaciones, hasta entonces en manos de Excem, único representante español de la israelí Verint Systems. Al estallar el *affaire* del spyware

Pegasus, el Gobierno Vasco apostó por adjudicar el último contrato a la italiana Dars-Telecom SL[22]. Excem había perdido la nueva adjudicación tras casi dos décadas como proveedor y presentó un recurso especial en el registro del OARC. Pero ¿con qué antecedentes contaba Dars Telecom para ser la elegida por la Ertzaintza?

Entre los años 2015 y 2021, la nueva adjudicataria de la Ertzaintza, la italiana Dars Telecom, también distribuidora del spyware Pegasus, había sido adjudicataria de importantes contratos de suministro de equipos y software para la interceptación de las telecomunicaciones utilizados por el cuerpo de la Policía Nacional y la Guardia Civil. Según la Asociación Española de Empresas Tecnológicas de Defensa, Seguridad, Aeronáutica y Espacio (TEDAE), la firma también trabaja para el Ministerio de Defensa español y la Policía Foral navarra. De acuerdo al TEDAE, entre los productos ofertados por Dars Telecom se incluyen los «centros de monitorización, soluciones específicas de interceptación legal para los operadores, herramientas de investigación en distintos entornos tecnológicos avanzados como pueden ser redes

22. El diario catalán *El Periódico* publicó que Roberto Raffelli, presidente de Dars Telecom entre 2006 y 2010, era patrón de la firma italiana RCS Lab. Esta última había sido contratista de la Fiscalía de Italia hasta 2015, fecha en la que Roberto Raffelli fue acusado «de pasar grabaciones obtenidas a través de la fiscalía al presidente italiano Silvio Berlusconi».

sociales, TOR, balizas electrónicas y soluciones para la gestión electrónica de mandamientos judiciales en conservación de datos, intervenciones telefónicas y oficios policiales tanto para operadores de comunicaciones como para cuerpos y fuerza de seguridad».

Dars Telecom fue adquirida en diciembre del 2021 por la empresa Cy4gate. La plataforma que investigó el espionaje a independentistas con el programa Pegasus, Citizen Lab, desveló que Cy4gate estaba implicada en la distribución de una versión falsa de la aplicación de mensajería WhatsApp utilizada para robar información. Aun así, el ministro de Interior, el exjuez vasco Fernando Grande-Marlaska, no tuvo reparo en elegir a Dars Telecom para actualizar el Sistema de Interceptación Legal de las Telecomunicaciones (SITEL), en concreto para renovar la «subplataforma SILC», creada en 2008 para que la monitorización de las interceptaciones incluyera, además de las tradicionales llamadas de voz, las comunicaciones que se realizan mediante aplicaciones de mensajería instantánea como WhatsApp, Telegram o Signal.

Cuando la Ertzaintza adjudicó a Dars Telecom el contrato relacionado con su sistema de intervención de las comunicaciones, la firma todavía no había sido relacionada con el spyware Pegasus. Así, el Gobierno Vasco parecía haber logrado esquivar una polémica vinculación con Verint Systems, fabricante del sistema de intervención de las comunicaciones en poder de la Ertzaintza, asunto que seguía sin trascender a la opinión pública, y con su representante español Excem, hasta entonces encargado del servicio de mantenimiento.

El 25 de marzo de 2022, el OARC terminó estimando «parcialmente» el recurso de Excem contra la adjudicación del contrato a Dars Telecom. Aunque el OARC decretó «levantar la suspensión del procedimiento de adjudicación», la Plataforma de Contratación Pública de Euskadi sigue sin publicar ni un solo dato sobre el proceso de licitación y adjudicación.

Respecto a Dars Telecom, cabe añadir que entre sus directivos, citados por *El Periódico* el 21 de mayo de 2022, destacan Michele Tomba y Alberto Chiappino, ambos también mencionados en la filtración de WikiLeaks, debido a su conexión con la trama de espionaje de la también italiana Hacking Team. De hecho, la comisión del Parlamento Europeo para «investigar el uso de Pegasus y equivalentes software espía de vigilancia» menciona a esta firma italiana. Hacking Team, contratada por el CNI para espiar teléfonos móviles, figura en una de las filtraciones de WikiLeaks que menciona a su socio local, Galea Electric, una empresa vasca manejada por la familia responsable de la obra del edificio del Archivo Histórico del Nacionalismo de Artea.

Según publicó el periodista David Olabarri, dos ertzainas mantuvieron contacto precisamente con Hacking Team. Uno de ellos «era el responsable del grupo que se dedicaba a gestionar los aparatos electrónicos de seguimiento y escuchas con la antigua unidad antiterrorista». El otro «trabaja en la Oficina Central de Inteligencia» de la Ertzaintza y es «considerado como uno de los principales colaboradores y uno de los hombres de máxima confianza» del entonces director de la policía vasca, Gervasio Gabirondo, ahora candidato del PNV en la lista electoral de Zarautz. Gabirondo encabezó en 1993 un registro en las oficinas del equipo de investigación del diario *Egin*, un medio que estaba desvelando las corruptelas de la fontanería del Partido Nacionalista Vasco que también alcanzaban a la Ertzaintza.

Gervasio Gabirondo y su predecesor en el cargo, Jorge Aldekoa, director del cuerpo policial cuando se produjo la muerte del joven Iñigo Cabacas tras recibir el impacto de una pelota de goma en 2012, son considerados los precursores de la «policía del futuro» que se diseñó en el Plan Horizonte 2016 de la Ertzaintza. Antes de ascender a director, Aldekoa había sido jefe de la comisaría de Bilbo a cargo del operativo que segó la vida de Cabacas, mientras que el subjefe era Raul Alberto Otaola, ahora jefe de Inteligencia Operativa de la Oficina Central de Inteligencia de la Ertzaintza.

Finalmente, el tercero de los licitadores al contrato para la evolución del sistema de intervención de las comunicaciones de la Ertzaintza fue la británica BAE Systems, también distribuidora del spyware Pegasus. Esta firma ya había suministrado al Ministerio del Interior en 2015 un sistema de espionaje para móviles que utiliza una tecnología similar a Pegasus. El contrato, valorado en 12 millones, sirvió para adquirir otro software de espionaje, en este caso el Evident X-Stream. Ese mismo año, firmó una alianza con la armamentista vasca Sener[23] para participar en la construcción de buques de la armada británica. Además, según la entidad Business & Human Rights Resource Centre, BAE Systems cuenta con financiación del Banco Bilbao Vizcaya Argentaria, BBVA.

Más tecnología israelí

El actual consejero de Seguridad del Gobierno Vasco, Josu Erkoreka, considera que el modelo policial de la Ertzaintza es «impecable, avanzado, homologado y democrático», y que, por lo tanto, no hay necesidad de cambiarlo. En su opinión, cuando se trata de utilizar la coerción, la policía vasca «es de las más avanzadas de Europa» y está «equiparada a las normas más respetuosas con

23. Uno de los primeros sistemas de reconocimiento automático de huellas utilizado por la Ertzaintza fue comprado por 60.000 euros a Sener.

los derechos humanos». Sin embargo, la tecnología de fabricación israelí, utilizada para atentar contra los derechos y libertades, resulta ser una suerte de sospechoso habitual en el área tecnológica de la policía vasca. Este tipo de herramientas también están presentes en el contrato de la Ertzaintza para la extracción de información de los teléfonos móviles.

Una de las iniciativas de la estrategia de «modernización de la Ertzaintza» ha consistido en contactar con varias empresas especializadas en ataques cibernéticos y en espionaje en ordenadores y teléfonos móviles, caso de Hacking Team. En este caso también afloran la falta de transparencia del Gobierno Vasco y el impacto de esta tecnología en los derechos humanos. Ya en 2008, Emilio Hellín, exmilitante de Fuerza Nueva que cumplió 14 años de prisión por el asesinato de la joven bilbaína Yolanda González en 1980, impartió cursos a agentes de la Ertzaintza sobre extracción de datos de teléfonos móviles en calidad de profesor contratado por la empresa New Technology Forensics. Este dato fue revelado por el diario *El País* en 2013; la Ertzaintza quiso mantenerlo en secreto.

El Departamento de Seguridad del Gobierno Vasco ha llegado a comprar este tipo de tecnología para extraer datos del teléfono móvil, en este caso un software fabricado por otra firma israelí, llamada Cellebrite, según desveló *Hordago-El Salto*. Se trata de una empresa mencionada en un informe de la comisión del Parlamento Europeo elaborado para «investigar el uso de Pegasus y equivalentes software espía de vigilancia».

El Gobierno Vasco adquirió equipos del fabricante israelí Cellebrite para que fueran «utilizados por técnicos de la Oficina Central de Inteligencia» de la Ertzaintza. Concretamente, se refiere al sistema UFED, una solución de inteligencia digital para extraer la mayor cantidad de información posible con fines forenses y, en palabras de la firma, resolver casos o investigaciones más rápidamente. La Ertzaintza también ha comprado otra tecnología de Cellebrite, el software MacQuisition[24].

Por su parte, Cellebrite, fundada en 1999 en Petah Tikva (Israel), se presenta como una empresa líder en análisis forense digital. La tecnología más vendida de esta firma, los equipos UFED[25], puede incluso recuperar datos eliminados de teléfonos móviles. También es capaz de acceder a una amplia gama de dispositivos digitales para recopilar toda clase de información: datos procedentes de redes wifi, de la nube de móviles o de dispositivos GPS. En el Estado español ha sido requerida para realizar labores de control en frontera por

24. Este software fue creado por la compañía Blackbag, filial de Cellebrite.

25. Ondata International, proveedora de la Guardia Civil de equipos portátiles con software UFED para obtención y análisis de datos de dispositivos móviles, es fabricante de programas de reconstrucción en 3D de escenarios del crimen utilizados por la Ertzaintza.

parte de la Comisaría General de Extranjería de la Policía Nacional. No obstante, en este caso también, las relaciones con el Gobierno Vasco son previas a su relación con las ramas gubernamentales españolas.

El origen de la relación del Departamento de Seguridad del Gobierno Vasco con Cellebrite data del año 2015, fecha en que la empresa israelí se hizo famosa por ayudar al FBI a desbloquear el iPhone del famoso terrorista de San Bernardino, protagonista de un atentado ocurrido el 2 de diciembre de 2015 en California, donde fallecieron 14 personas. El FBI intentó solicitar a Apple que desarrollara una versión del sistema operativo Apple IOS con sus funciones de seguridad deshabilitadas, petición que fue negada por la compañía por el interés público de proteger la información de sus usuarios. El FBI llevó la disputa ante el Departamento de Justicia de Estados Unidos, pero terminó abandonando después de que Cellebrite lograra acceder a los datos del móvil.

En 2015, la Ertzaintza impartió un curso de formación en la Academia Vasca de Policía, Arkaute, para el manejo de Cellebrite en la «extracción de información de teléfonos móviles y tablets». Cuatro años más tarde, se impartió otro curso para su «actualización y perfeccionamiento». Además, durante los actos celebrados en el Foro de Innovación Tecnológica Forense de los años 2020 y 2021, eventos patrocinados por Cellebrite, participaron como invitados especiales, en calidad de jefes de sección de Nuevas Tecnologías de la Policía Científica de la Ertzaintza, José Ángel Fano y Andoni Ramírez.

La tecnología de Cellebrite para clonar información de dispositivos móviles está bajo el foco del Observatorio de Derechos Humanos y Empresas en el Mediterráneo por su utilización en el «hostigamiento de periodistas». Por ello, este proceder pone en alerta actuaciones como la descrita por Amnistía Internacional en una nota sobre Jon Hidalgo, periodista de la emisora de radio Hala Bedi, quien «sufrió el 8 de mayo de 2020 la requisa temporal de su teléfono móvil mientras se encontraba grabando el desalojo en Gasteiz por parte de la Ertzaintza del local ocupado por el movimiento feminista Talka». Después de 30 minutos le entregaron el teléfono, pero sin acta de ocupación.

Espiar a independentistas y traidores y controlar fronteras

En lo que respecta al uso de tecnología de Cellebrite para tareas de espionaje hay varios episodios reseñables en el Estado español. Por un lado, *El Punt Avui* publicó que la Guardia Civil utilizó la tecnología Cellebrite para hackear el 18 de octubre de 2017 el iPhone de Josep Maria Jové, un político catalán detenido tras la organización del referéndum del 1 de octubre de ese año y que se negó a dar su contraseña a los agentes. Además, el móvil de Jové, número dos de Oriol Junqueras, llegó a ser espiado con Pegasus, según desveló la plataforma Citizen Lab. Esta plataforma también mencionó al líder de EH Bildu Arnaldo Otegi entre los espiados.

En ese marco hay que añadir que, según *El Confidencial*, «tras echar mano del programa israelí Cellebrite» la Guardia Civil también habría extraído el contenido de conversaciones mantenidas en 2019 por José Antonio López, preso de ETA, con uno de los portavoces de la organización Sare, Joseba Azkarraga, exconsejero de Justicia del Gobierno Vasco. Por otra parte, el sistema de clonado UFED de la empresa Cellebrite se utilizó en la operación Kitchen de la Policía Nacional para volcar sin orden judicial los teléfonos del extesorero del Partido Popular Luis Bárcenas. Según la tesis de los investigadores, el dispositivo de seguimiento a su familia se montó sin conocimiento judicial y con el objetivo de localizar documentación comprometedora contra los líderes del Partido Popular con la que el extesorero pretendía «traicionar» a Mariano Rajoy.

Más allá del lenguaje neutro contenido en el pliego de los contratos, lo cierto es que el uso de esta tecnología de Cellebrite no es inocente: distintos medios de comunicación y organizaciones no gubernamentales han denunciado que está siendo utilizada también para controlar a la disidencia tanto en países autoritarios como en supuestas democracias liberales, así como para vigilar a personas migrantes.

Como recogían Nora Miralles y sus coautores en el informe «Vigilancia masiva y control de la disidencia europea, vigilancia Hi-Tech en tiempos del Covid-19», esta tecnología presta apoyo a fuerzas policiales nacionales y transnacionales, como el FBI, la Interpol, o la Europol, pero también a otros servicios de inteligencia, patrullas fronterizas, fuerzas especiales y militares, incluso a organizaciones financieras de más de cien países[26]. Asimismo, de manera paralela a la estrategia de los gobiernos de traquear los movimientos de los solicitantes

26. Según un informe del Observatorio de Derechos Humanos y Empresas en el Mediterráneo fechado en junio de 2021, «en la presentación que hacen para inversores, Cellebrite reconoce que uno de sus grandes riesgos es que algunos de sus productos pueden ser utilizados por los clientes de una manera que es, o que se percibe que es, incompatible con los derechos humanos, y que cualquier percepción de este tipo podría afectar negativamente a su reputación, ingresos y resultados de las operaciones». El observatorio sentencia que, «a pesar de eso, la compañía sigue vendiendo sus productos a regímenes represivos y permitiendo detenciones, enjuiciamientos y hostigamiento de periodistas, activistas de derechos civiles, disidentes y minorías en todo el mundo». Por ello, solicitó «a las administraciones públicas del Estado español que no contraten a empresas que hayan vulnerado derechos humanos en cualquier parte del mundo y que no tengan ningún tipo de cláusula a la hora de vender sus productos a regímenes donde el respeto a la vida y a los derechos y libertades de la ciudadanía se pone diariamente en entredicho».

de asilo, esta firma ha prestado su tecnología, por ejemplo, para auditar el viaje de una persona con el objetivo de identificar supuestas actividades sospechosas antes de su llegada, rastrear su ruta, ejecutar una búsqueda de palabras clave e imágenes a través de su dispositivo para identificar rastros de actividades consideradas ilícitas.

En agosto de 2021, la tecnología de esta empresa israelí fue adquirida por la Comisaría General de Extranjería y Fronteras de la Policía Nacional. Meses después, durante el Congreso Mundial de Seguridad Fronteriza 2022 celebrado en Lisboa, Cellebrite presentó los éxitos de su tecnología a las autoridades del Gobierno de Marruecos, quienes han trabajado estrechamente con los cuerpos policiales españoles para llevar a cabo deportaciones ilegales.

Asimismo, el diario *Wired* desveló en 2018 que en Europa se han utilizado los datos de los teléfonos como arma para deportar refugiados. Según el medio, tanto Alemania como Dinamarca ampliaron las leyes que permitían a los funcionarios de inmigración extraer datos de los teléfonos de personas solicitantes de asilo y se había propuesto una legislación similar en Bélgica y Austria. No obstante, Reino Unido ha ido más lejos: a través del software de Cellebrite, la policía británica puede acceder al historial de búsqueda, incluido el historial de navegación borrado de los migrantes. Además, puede extraer los mensajes de WhatsApp de algunos teléfonos Android.

Esta tecnología también despertó en 2017 el interés de Donald Trump. El entonces presidente estadounidense destinó dos millones de dólares en la compra del sistema del proveedor israelí de la Ertzaintza para hackear los móviles de solicitantes de asilo y periodistas desplazados hasta la frontera con México. Ante las amenazas de Trump de recortar ayudas por no «colaborar» con el control migratorio a los países del Triángulo del Norte (El Salvador, Guatemala y Honduras), la policía hondureña recibió cursos de formación para el manejo del sistema Cellebrite. Asimismo, su software se ha empleado por la Agencia de Aduanas y Protección Fronteriza y el Servicio de Inmigración y Control de Aduanas para la extracción datos de ordenadores portátiles de pasajeros en aeropuertos de Estados Unidos. Fue declarado inconstitucional por un tribunal de Massachusetts en 2019.

En el continente asiático se retiró una licitación del Gobierno de India en 2018 para recopilar las publicaciones en redes sociales de todos sus ciudadanos a través del software de Cellebrite después de una denuncia que prosperó en la Corte Suprema en 2020. En este continente, Cellebrite ha vendido su tecnología a los gobiernos de China, Vietnam, República de la Unión de Myanmar y Bangladesh. Entre los clientes de Cellebrite también figuran Rusia y Bielorrusia, cuyos gobiernos utilizan su software para perseguir a opositores, a minorías y a la comunidad LGTBIQ+, según una investigación llevada a cabo por el abogado israelí Eitay Mack publicada en el diario *Haaretz*.

Los tentáculos de Cellebrite son globales, por lo tanto. Alcanzan también Turquía, Arabia Saudí y Emiratos Árabes. En países africanos como Ghana, Botswana, Uganda y Nigeria, los gobiernos han utilizado la tecnología de Cellebrite para espiar a periodistas y activistas de asociaciones en defensa de los derechos humanos. La propia web corporativa de Cellebrite publicita como exitosos sus apoyos en materia de lucha contra el narcotráfico en Colombia, Brasil, México y Filipinas.

Volviendo a la Comunidad Autónoma Vasca, cabe señalar que el mantenimiento de los equipos UFED para extracción de datos de teléfonos móviles empleado por la Ertzaintza ha sido encargado a Onrecovery, distribuidor oficial de la israelí Cellebrite en el Estado español. El coste de estas operaciones de adquisición y mantenimiento alcanza ya cerca de 200.000 euros. Onrecovery afirma ser «la empresa de recuperación de datos con el laboratorio más completo de España y uno de los líderes de Europa». Entre los clientes que «avalan» sus «buenos resultados» la compañía destaca a la Guardia Civil y a la Armada española.

La pregunta de rigor sería si el Gobierno Vasco conocía los antecedentes de las empresas israelíes y de sus distribuidores cuando decidió comprarles tecnología para actividades policiales muy relevantes en torno a los derechos humanos, como el sistema de intervención de las comunicaciones o el sistema para extraer datos de teléfonos móviles.

Socio preferente del que aprender

El lehendakari Iñigo Urkullu afirmó en 2017 que según información «contrastada por la Secretaría General de Acción Exterior, por el Departamento de Desarrollo Económico e Infraestructuras y por la Sociedad Pública SPRI», su Gobierno no había «mantenido relaciones con el Gobierno de Israel» y tampoco disponía «de datos concretos de empresas que materialicen operaciones». Sin embargo, el informe sobre la «Estrategia de Internacionalización 2020» del Gobierno Vasco señalaba que «en Oriente Medio, Israel constituye un socio preferente del que aprender».

Como hemos mencionado anteriormente, el sistema de monitorización telefónica de la Ertzaintza es de fabricación israelí (Verint Systems) y la tecnología que utiliza la para la extracción de datos de los teléfonos móviles también ha sido fabricada por una firma de Israel (Cellebrite), ambos asuntos destapados por el medio *Hordago-El Salto*. Sin embargo, la relación con empresas israelíes en esta materia no acaba ahí. Además, la ya mencionada Excem, empresa española encargada del mantenimiento del sistema de intervención de las comunicaciones de la Ertzaintza y representante de Verint Systems, era a su vez distribuidora del spyware Pegasus de la firma NSO Group, creada por exalumnos de la «8200 Unit» de las Fuerzas de Defensa israelíes. Por terminar de recapitular, cabe volver a mencionar que Dars Telecom y Bae Systems, ambas también distribuidoras de Pegasus, habían sido invitadas a participar en la licitación por el sistema de intervención de las comunicaciones utilizado por la Consejería de Seguridad del Gobierno Vasco, un concurso clasificado como secreto. Por otra parte, otras dos firmas relacionadas con la Ertzaintza, Cellebrite y Hacking Team, también están señaladas por su relación con el *affaire* de Pegasus.

Pero, más allá de las empresas ya citadas, si echamos la vista atrás podemos comprobar que la tecnología israelí ha sido requerida por la policía vasca para otras varias tareas, desde hace décadas. Por ejemplo, hasta ahora no había trascendido que, en 1993, la israelí Tandu Technologies & Security Systems impartió cursos de formación a la Ertzaintza. Como contratista del Ministerio del Interior de Israel, esta empresa es también proveedora de «servicios de seguridad y comunicaciones para los puestos de control a lo largo del Muro de Anexión»[27]. Además, participa en el proyecto europeo Picasso sobre seguridad del tráfico marítimo en los océanos. Meses después del curso impartido por la firma israelí, una delegación del

27. «Mundo Amurallado: hacia el apartheid global», publicado por Centre Delàs d'Estudis per la Pau.

PNV encabezada por el entonces presidente del partido, Xabier Arzalluz, mantuvo una serie de reuniones con altos funcionarios del Ministerio de Asuntos Exteriores de Israel, interpretadas como «conversaciones exploratorias» para un posible asesoramiento de Israel en materia de lucha contra el terrorismo, según publicó *El País* citando fuentes de la delegación vasca.

En la década de los 90, el diario *Egin* dio a conocer que una firma que distribuía tecnología israelí, Micro-Link, suministró a la Consejería de Interior del Gobierno Vasco cámaras de vigilancia y que la Ertzaintza compraba a firmas israelíes micrófonos del tamaño de un alfiler. Micro-Link había desarrollado en Israel un sistema para detectar «pinchazos» en el teléfono móvil[28]. La

---

28. Hay empresas vascas del ramo de la seguridad que mantienen relaciones con firmas israelíes. Uno de los casos más significativos lo encontramos en el grupo vasco S21sec, encargado de servicios de consultoría de análisis de riesgos, políticas de seguridad y evaluación de los sistemas de información de la Ertzaintza. El grupo ejerce de distribuidor de la israelí Voyager Labs, fabricante de un sistema capaz de analizar datos para tratar de determinar las redes de relaciones, el comportamiento y las preferencias de un individuo concreto, los intereses de un grupo o los vínculos que tienen el grupo y sus miembros. En ocasiones puntuales, la Ertzaintza recurre a S21sec para servicios de análisis forense de teléfonos móviles. Junto a las también vascas Ikusi (importante contratista de la Ertzaintza, llegó a fichar como consejero a Ricardo Martí Fluxa, exsecretario de Estado de Seguridad) y Vicomtech, ambas contratistas de la Ertzaintza, S21sec participó en el proyecto europeo Carper en el que colaboraba el Ministerio del Interior de Israel. De hecho, los proyectos europeos son otro nexo de unión entre el oasis vasco e Israel. La fundación vasca Tecnalia y un gigante eléctrico con sede en Bilbao, Iberdrola, participaron en el proyecto

compañía privada CTERA, también creada por otros exalumnos de «8200 Unit» y especializada en el almacenamiento en la nube, es fabricante de un software instalado en los servicios informáticos y de comunicaciones del Departamento de Seguridad del Gobierno Vasco. Por otra parte, la Ertzaintza cuenta con «equipos de grabación de voz» de la firma Neptune Intelligence Computer Engineering (Nice), creada en 1986 por varios exmiembros del Ejército israelí. Además, la instalación de los radioenlaces de la Red de Comunicaciones de la Ertzaintza corrió a cargo de las compañías israelíes Ceragon Networks y ECI Telecom[29].

En 2014, el diario *Gara* publicó que la policía vasca habría recibido formación de Guardian Defense & Homeland Security, según publicitaba la propia empresa, formada por exaltos cargos del

de seguridad Integ-Risk, vinculado a las nanociencias. Es un programa europeo en el que también colaboró la israelí Ekon Modeling Software Systems LTD. Otra fundación de Euskadi, Insamet, trabajó con la firma armamentista vasca Sener y la empresa israelí Israel Aircraft Industries LTD en el programa europeo aeronáutico denominado Vulcan. Estos datos referidos a S21sec y sobre las colaboraciones vasco-israelíes en programas europeos han sido extraídos de la plataforma europea Cordis y del informe «Defensa, seguridad y ocupación como negocio».

29. En el capítulo de comunicaciones hay que mencionar a Motorola Solutions, fabricante del sistema de encriptación para smartphones del Ejército israelí, y a su vez responsable de la evolución y soporte de la Red de Comunicaciones de Seguridad Enbor Sarea de la Ertzaintza y también del sistema de grabación de la red digital de radio móvil Tetra de la policía vasca. El Consejo de Derechos Humanos de la ONU la señaló por sus operaciones en territorios palestinos ocupados por Israel.

servicio de inteligencia de Israel. Por otro lado, el periodista Luis Miguel Barcenilla desveló en 2021 que la Ertzaintza adquirió a esa empresa diverso material, como un porta-granadas. Recientemente, esta firma también le ha suministrado chalecos antibalas a través de dos contratos valorados en un total de 1,2 millones de euros. A lo que debemos añadir que la marca israelí Rabintex está colocando sus chalecos antibalas a varias policías locales de Euskadi.

Otro síntoma de la confianza entre empresas en la órbita de la agencia de seguridad israelí y la Ertzaintza lo hemos encontrado en la firma encargada de la vigilancia de los supercuarteles ubicados en Erandio y Oiartzun y también de la Academia Vasca de Policía sita en Arakaute. Se trata de la israelí ICTS, en su momento asesorada por el exdiputado del PP Jorge Trias y mencionada en el informe «Defensa, Seguridad y Ocupación como negocio: relaciones comerciales militares, armamentísticas y de seguridad entre España e Israel», publicado por Centre Delàs d'Estudis per la Pau. ICTS, especializada en el control de accesos en aeropuertos españoles, también fue contratada por el Gobierno Vasco para el servicio de seguridad y vigilancia de los puertos de Bermeo, Ondarroa, Lekeitio y Mundaka. Asimismo, a efectos de la seguridad ferroviaria, la Ertzaintza participa en el programa de seguridad europea Lets-Crowd junto a la empresa de seguridad israelí Railsec Ltd, a su vez asesora del Ministerio del Interior español en esta materia.

En palabras de Andoni Ortuzar, presidente del PNV, «la Ertzaintza es una de las instituciones más simbólicas del autogobierno» a la que considera «una policía de proximidad, una policía del pueblo». Es obvio que la Ertzaintza ha estado al corriente de los catálogos comerciales de empresas cuya tecnología protagoniza controversias a nivel internacional por las ventas a clientes que emplean sus productos contra el pueblo palestino.

Pero, además de la equipación israelí, la tecnología de fabricación británica, también con impacto en las libertades civiles, es otra sospechosa habitual en las compras de la Ertzaintza. De ello trataremos en el siguiente capítulo.

Big Brother

La equipación británica, como la israelí, mantiene una relación histórica con el arsenal tecnológico del Departamento de Seguridad del Gobierno Vasco. Hemos hablado de la empresa BAE Systems, pero la relación de la Ertzaintza con empresas británicas, cuyos procedimientos suscitan grandes dudas, no se limita a esta. La entidad Privacy International, con sede en Londres, publicó a principios de la década de 1990 el informe «Big Brother Incorporated», un informe sobre el comercio internacional de tecnología de vigilancia en el que daba detalles sobre la tecnología comprada por la Ertzaintza[30] a la industria armamentista británica. En concreto, mencionaba un contrato firmado con la compañía TV2 Ltd para suministrar un sistema de transmisión de vídeo e imágenes térmicas desde una cámara instalada en un helicóptero.

Hace dos años, en el contexto de control de eventos multitudinarios, la Ertzaintza compró los nuevos equipos llamados IMSI Catcher. La adquisición de este material estaba prevista en los presupuestos de la policía vasca, concretamente junto al apartado denominado «dispositivos de seguimiento». Estos dispositivos son del fabricante británico Cellxion –otro asunto desvelado también por *Hordago-El Salto*– y actúan como antenas falsas para interceptar las señales telefónicas y capturar el tráfico de los dispositivos móviles. Según reza el pliego técnico de un contrato de la Consejería de Seguridad, el IMSI Catcher de la policía vasca está «gestionado a través de la Oficina Central de Inteligencia de la Ertzaintza» y «opera a través de las señales radio de telefonía móvil para identificar y localizar teléfonos». Este equipo, trasladado «en vehículo o mochila» y «administra-

30. Años antes, exagentes del grupo militar británico de élite SAS abandonaron la antigua colonia británica de Rodesia y terminaron dirigiendo los entrenamientos del embrión de la Ertzaintza en un emplazamiento alavés llamado Berroci.

do en remoto», sirve para «el trabajo discreto que exigen las investigaciones criminales».

Según la resolución del 16 de julio de 2020 de la subsecretaría de Seguridad del Estado, la Guardia Civil está facultada para instalar este tipo de equipos «en puntos de control de acceso en la entrada a eventos multitudinarios para proporcionar a los agentes alertas para detener a personas con asuntos pendientes con la justicia». No obstante, los equipos IMSI Catcher que emplea la Ertzaintza están bajo el foco de la sospecha por su posible uso indiscriminado en el control de activistas durante manifestaciones.

Izquierda Unida llegó a registrar una batería de preguntas dirigidas al Gobierno español para tratar de confirmar si la Policía Nacional había utilizado esta tecnología en las Marchas de la Dignidad que confluyeron en Madrid en el año 2014. No era baladí preocuparse por el uso de esta herramienta, ya que en otros países también se ha detectado su utilización contra manifestantes. En este sentido, un informe publicado por el Observatorio de Derechos Humanos y Empresas en el Mediterráneo y la entidad Shoal Collective recoge «el uso de un captador IMSI en una protesta contra la austeridad en Londres». Asimismo, varios medios de comunicación han publicado que el equipo IMSI Catcher también se empleó en manifestaciones antifascistas y del movimiento okupa en Alemania. En Estados Unidos, estos equipos, parte de un método de vigilancia denominado *stingray*, fueron utilizados durante manifestaciones del movimiento Black Lives Matter y previamente en movilizaciones de la comunidad Sioux en Dakota contra la construcción de un oleoducto que contaba con financiación del BBVA.

Por estos motivos, tanto la Asociación de Prensa de Madrid como otras organizaciones consideran que el equipo que utiliza la Ertzaintza «amenaza la libertad de expresión» en el marco del «uso de las modernas tecnologías a la hora de espiar en masa a la población».

La actualización de los equipos IMSI Catcher de la Ertzaintza ha costado 139.150 euros y fue encargada a la española Cicomtec, distribuidora «en exclusiva para todo el territorio español» del fabricante británico Cellxion y a su vez proveedora de estos aparatos para el Ministerio del Interior. Esta compañía es también representante de la británica Seven Technologies Group, ahora propietaria de la firma Datong. Tanto Datong como Cellxion fueron mencionadas en la filtración Spy Files de WikiLeaks en una lista de 160 empresas dedicadas a tecnología especializada en espionaje de masas.

Según Privacy International, los IMSI Catcher de Cellxion pueden ser empleados para identificar quién estuvo en una protesta y capturar los números IMSI de todos los teléfonos que estaban en los alrededores. Algunos tipos de receptores de este tipo pueden también interrumpir o impedir protestas incluso antes de que ocurran, y así permitir a los agentes monitorear o bloquear llamadas y mensajes de los organizadores de la protesta, editar sus mensajes sin su conocimiento, o incluso escribir y enviar mensajes a alguien haciéndose pasar por el convocante.

En la propia documentación de la Ertzaintza se puede leer que la «ampliación y actualización» de sus equipos IMSI Catcher tiene como objetivo ampliar «sus capacidades de detección». La nueva equipación contiene cuatro modalidades. Una de ellas es el «modo interrogación», que puede «forzar a todos los terminales en cobertura del sistema a identificar su IMSI y su IMEI, almacenar esa información en la base de datos y devolver el terminal a la red real en modo no destructivo».

El «modo objetivo» del equipo está dirigido a «forzar a todos los terminales en cobertura del sistema a identificar su IMSI y su IMEI, y almacenar esa información en la base de datos y devolver el terminal a la red real en modo no destructivo, con la excepción de aquellos terminales que estén en la base de datos dados de alta como Objetivos». Estos terminales «se mantienen enganchados a la unidad hasta que sean liberados o salgan de rango del sistema».

El «modo cortafuego» del equipo que quiere implementar la Ertzaintza puede provocar que «todos los terminales queden bloqueados en el sistema, controlando la capacidad de hacer llamadas y mandar SMS, con excepción de los terminales dados en alta en la base de datos como Operativos (estos serán devueltos a la red real de un modo no destructivo)».

Por último, el «modo localización» fuerza «a todos los terminales en cobertura del sistema a identificar su IMSI y su IMEI, y almacenar esa información en la base de datos y devolver los terminales a la red real en modo no destructivo con excepción de aquellos que están en la base de datos como Direction Finder». Estos terminales «quedan bloqueados hasta que salgan de rango del sistema o sean liberados por el operador» y «pueden ser puestos en transmisión para permitir su localización».

La tecnología IMSI Catcher fue utilizada durante una manifestación en contra del Proyecto de Ley de Información celebrada en París en 2015, donde llegaron a participar varios diputados. Tras el atentado contra el semanario satírico *Charlie Hebdo* en 2015[31], una modificación legal impulsada por el Gobierno francés supuso la legalización definitiva del uso de los IMSI Catcher para captar y registrar todos los datos de teléfonos u ordenadores de sospechosos de toda persona que se encuentre a varios centenares de metros

---

31. Fue entonces cuando la Consejería de Seguridad del Gobierno Vasco puso en marcha la «instrucción 79», «una nueva estrategia contraterrorista» que fue criticada por portavoces de la comunidad musulmana y SOS Racismo. La parte operativa de la «instrucción número 79 para la Prevención y Protección ante la amenaza terrorista a la seguridad pública» con el objetivo de «neutralizar a las y los terroristas» está clasificada como secreta.

a la redonda. A su vez, la instalación de balizas de seguimiento en automóviles y la colocación de micrófonos en lugares privados pasó a estar permitida con una autorización administrativa, sin intervención de los jueces. Este tipo de herramientas para seguimientos y escuchas también están presentes en el arsenal tecnológico de la Ertzaintza.

4

Vigilancia *hi-tech*

Operaciones encubiertas

La Oficina de Inteligencia de la Ertzaintza, como nueva estrategia de venta del contraterrorismo, no solo gestiona sistemas de fabricación israelí o británica para intervenir las comunicaciones, para extraer datos de los teléfonos móviles o para interceptar móviles de manifestantes, también se encarga de la tecnología para operaciones encubiertas de agentes infiltrados para recoger pruebas mediante micrófonos ocultos y balizas para seguimientos. Según reza el pliego técnico de un reciente contrato de la Consejería de Seguridad del Gobierno Vasco, se trata de dispositivos que «puedan ser colocados de modo rápido por el personal de las unidades de investigación de la Ertzaintza» y «al objeto de dar respuesta a las necesidades operativas» de esta.

La Ley Orgánica 13/2015, de 5 de octubre, de modificación de la Ley de Enjuiciamiento Criminal para el fortalecimiento de las garantías procesales y la regulación de las medidas de investigación tecnológica, recoge que «cuando concurran razones de urgencia que hagan razonablemente temer que de no colocarse inmediatamente el dispositivo o medio técnico de seguimiento y localización se frustrará la investigación, la Policía Judicial podrá proceder a su colocación, dando cuenta a la mayor brevedad posible, y en todo caso en el plazo máximo de veinticuatro horas, a la autoridad judicial, quien podrá ratificar la medida adoptada o acordar su inmediato cese en el mismo plazo».

En 2013, miembros de la organización juvenil Ernai descubrieron frente a su sede algunos aparatos de grabación de audio y vídeo. Llovía sobre mojado. A mediados de los años 90, el diario *Egin* desveló que la Ertzaintza realizaba reuniones secretas en un edificio abandonado situado en el barrio bilbaíno de Basurto para decidir la forma de «colocar medios técnicos» en una reunión de la organización juvenil Jarrai celebrada en la sede de Herri Batasuna en Gasteiz, cuando en aquellas fechas la centralita telefónica de ese inmueble estaba intervenida por agentes del Cesid. En aquella época, concretamente en 1996, el diario *El Mundo* desveló que la Ertzaintza había instalado, sin autorización judicial, micrófonos ocultos en la casa de un empresario del sector del transporte.

Ahora, para mejorar las operaciones encubiertas de su policía, el Gobierno Vasco ha procedido a actualizar el sistema EgoBox, una red de aparatos capaces de registrar conversaciones a grandes distancias y con gran autonomía. Este sistema de escuchas de audio-balizas o micrófonos ocultos, «gestionado por la Oficina Central de Inteligencia de la Ertzaintza», «permite la grabación de audio de forma discreta» y fue encargado por 69.696 euros a Fortier Europe.

Por su parte, Fortier Europe suministra a las Fuerzas de Seguridad del Estado productos etiquetados como «probados en terrorismo», tales como equipos de grabación de audio encubierto y equipos de rastreo GPS. La firma también suministró a la Guardia Civil el sistema Arrays de micrófonos portables. El sistema de Egobox con «chicharras» –micrófonos ocultos, en el argot policial– está considerado como «la niña bonita de la Unidad Central Operativa de la Guardia Civil»[32]. Se trata de un tipo de material que fue colocado entre los años 2005 y 2006 a varios investigados por el «caso Faisán» sobre el cobro del denominado «impuesto revolucionario» de ETA, según consta en documentación judicial.

La actualización del sistema de escuchas con micrófonos ocultos de la Ertzaintza incluye la adquisición de la última versión del Egobox, el EgoNext. Son balizas utilizadas para seguimientos que llevan incorporado un micrófono. Este nuevo

---

32. Según fuentes de la Benemérita citadas por el diario *La Información.*

equipo, «demandado por la Oficina Central de Inteligencia de la Ertzaintza», ha sido adquirido por 69.996 euros a una vieja conocida de la policía vasca, la firma alemana Ceotronics[33], especializada en proveer equipamiento de comunicaciones para agentes encubiertos[34] y para operaciones policiales encubiertas. La Consejería de Seguridad del Gobierno Vasco ya le había comprado en 2015 equipos de radio por valor de 381.776 euros «para operaciones tácticas y encubiertas que son demandados por la Oficina Central de Inteligencia de la Ertzaintza».

La figura del agente encubierto en la Ertzaintza es utilizada frecuentemente en manifestaciones[35].

---

33. La Ertzaintza también compró a Ceotronics unos equipos de comunicaciones en la especialidad de buzos o escafandras tipo NBQ (Nuclear, Bacteriológica, Química). Ceotronics, cuyos equipos son utilizados por la Ertzaintza desde hace más de 16 años, se presenta como «proveedor oficial de la OTAN» y ha suministrado cámaras periscópicas encubiertas para la Unidad Central Operativa de la Guardia Civil.

34. «El agente encubierto» fue el título de una ponencia expuesta en la Academia Vasca de Policía de la mano de Koldo Olabarrieta, jefe del Área de Criminalidad Organizada de la Ertzaintza.

35. Las operaciones encubiertas de las fuerzas de seguridad no han estado exentas de polémicas e imprudencias temerarias. Como ejemplo, en 2016, un agente encubierto de la Policía española que desarrollaba una operación contra el yihadismo en las redes sociales dejó al descubierto a un confidente de la Oficina Central de Inteligencia de la policía vasca que había sido captado en Gasteiz en el marco del Plan Estratégico de la Ertzaintza contra el Islamismo Radical. En 1997, agentes de la Guardia Civil y de la Ertzaintza que realizaban una operación encubierta en el Casco Viejo de Bilbao terminaron tiroteándose entre sí en el barrio de Deusto, y resultaron heridos un ertzaina y dos guardias. Por otro lado, durante las protestas contra la izada de la bandera española en la

Erribera Taldea denunció en marzo de 2023 que al finalizar la manifestación en Gasteiz en recuerdo de los trabajadores muertos el 3 de marzo de 1976, «la Ertzaintza empezó a retener e incluso a detener a manifestantes alegando insultos y desórdenes públicos, cuando en realidad estaban provocados por infiltrados de la Policía». Nueve años antes, durante la celebración Foro Global España 2014 en Bilbao, algunos ertzainas se infiltraron en una manifestación sindical que protestaba en las inmediaciones del evento.

Para los seguimientos en las operaciones encubiertas, el Departamento de Seguridad del Gobierno Vasco también ha estado empleando un sistema basado en la utilización de «dispositivos electrónicos discretos». Este sistema fue fabricado por la firma italiana Innova SpA, mencionada en la filtración «Spy Files» de Wikileaks sobre las 160 compañías que se dedicaban al «espionaje masivo» a nivel mundial y más recientemente por el Observatorio de la Represión italiano debido a su implicación en la distribución de spyware.

El almacén tecnológico para operaciones encubiertas de la Ertzaintza acaba de incorporar un nuevo sistema de «dispositivos microbalizas»

---

balconada de Bilbao en las fiestas de Aste Nagusia de principios de la década de 1990, quedó registrada en vídeos la infiltración de ertzainas de paisano en grupos que protagonizaban los «altercados» y cómo esos mismos agentes ayudaban a la Brigada Móvil a practicar detenciones dentro del recinto festivo.

que envía los datos de posición; lo ha comprado al gigante español Indra. Según este contrato de microbalizas de seguimiento, la finalidad de la compra es muy amplia ya que se utiliza «para la investigación y persecución de los delitos cometidos por organizaciones terroristas, así como para prevenir amenazas contra el ejercicio de las libertades, para la seguridad de las personas y para garantizar el orden y la seguridad pública». El servicio para el mantenimiento de este nuevo sistema cuesta 35.937 euros al año.

Indra, compañía que en su día llegó a fichar al exsubsecretario de Defensa Adolfo Menéndez y estuvo presidida hasta 2021 por el hijo del exvicepresidente del Gobierno español Fernando Abril Martorell, es la proveedora del «sistema de seguimiento de objetivos móviles no cooperantes» de la UCO de la Guardia Civil y de la «ampliación de la flota de balizas micro» de la Jefatura de Sistemas Especiales del Cuerpo Nacional de Policía. Cabe señalar que Indra se acaba de convertir en accionista de la firma aeronáutica vasca ITP, presidida hasta 2017 por un exsecretario de Estado de Seguridad, Ricardo Martí Fluxá.

El sistema de dispositivos ocultos para seguimientos está gestionado por la Oficina Central de Inteligencia de la Ertzaintza[36], encabezada por Jon

36. La Jefatura de la Ertzaintza dispone de tres divisiones: la Jefatura de la División de Protección Ciudadana y la Jefatura de la División

Ziarsolo, exjefe de Erlo (Unidad de Seguimientos). Ziarsolo fue acusado por la Fiscalía de Araba en 1993 de un delito de torturas, que incluía como prueba partes médicos sobre las lesiones producidas, aunque finalmente un juzgado de Gasteiz lo absolvió al entender que no era posible comprobar si las heridas se habían producido durante la detención.

En los últimos años hemos podido saber que la Ertzaintza realizó seguimientos a sanitarios que atendieron a Juan Calvo y a los progenitores de Iñigo Cabacas, ambos fallecidos (en 1993 y 2012, respectivamente) tras actuaciones de la policía vasca. Según sendas sentencias, Calvo murió por asfixia en dependencias policiales tras ser rociado con gases lacrimógenos y Cabacas falleció a consecuencia del impacto de una pelota de goma disparada por un agente de la Ertzaintza. Las vigilancias a los progenitores y amigos de Cabacas trascendieron al público en 2018 y los seguimientos a sanitarios que atendieron a Juan Calvo se han conocido en 2023.

---

de Investigación Criminal, así como la Jefatura de la Oficina Central de Inteligencia. La Jefatura de la División de Investigación Criminal está encabezada por Juan Mari Iurrebaso, hermano de un expresidente de la Junta Municipal del PNV de Galdakao. Una hermana de ellos acompañaba a Fernando Izagirre, exdirector de Emergencias del Gobierno Vasco, en la lista de candidatos del PNV por el municipio de Galdakao. Izaguirre dimitió de su cargo en abril del 2022, abandonó su candidatura a la alcaldía y entregó su carnet del partido tras ser denunciado por apropiación indebida durante su etapa como presidente de la Asociación de Ayuda en Carretera DYA.

Como indican los cursos de formación de la Academia Vasca de Policía, el Departamento de Seguridad no ha dejado de actualizar y perfeccionar las tareas de «vigilancia y seguimiento», la formación sobre «el agente encubierto», las «tácticas para entrevistas policiales» (interrogatorios), el «tratamiento de fuentes humanas de información», el «perfeccionamiento de la unidad Hurbiltzaile» para fortalecer la red de confidentes, o el «tratamiento de información de redes sociales». Estos cursos de formación están acompañados de la adquisición de nuevos sistemas y avanzadas tecnologías como las vinculadas al control social a través de datos vinculados a la voz, el rostro, el ADN, las huellas o el comportamiento.

Biometría

Estamos ante un cambio de paradigma en las obsesiones de la Consejería de Seguridad. Del frenesí de la videovigilancia en los años 90, tras los atentados del 11S del 2001 la policía vasca pasó a estar en la vanguardia en rastreo masivo de ADN y ahora se ha subido a la ola del control a través de datos biométricos. Estos datos son características personales y únicas relativas al ser humano, sean físicas, fisiológicas o asociadas al comportamiento. La maquinaria de la Ertzaintza para acceder y almacenar este tipo de datos comprende desde sistemas de identificación de voz y de reconocimiento facial, pasando por la ampliación de bases de datos de huellas y ADN, hasta reseñas videográficas facilitadas por una nueva plataforma de vídeo. Todo ese material servirá para las operaciones de rastreo en las fichas policiales.

Los responsables del BBVA auguran que «la huella dactilar o el reconocimiento facial darán paso a la huella vocal como identificador único y personal para realizar pagos». Hace poco más de una década, la telefonía móvil comenzó a sustituir los dedos por la voz. Ante este panorama, la fundación Vicomtech, dirigida por el esposo de la consejera de Gobierno Vasco Arantxa Tapia, Julián Flórez, ha diseñado una herramienta de reconocimiento de voz que la policía vasca compró por 18.000 euros. Asimismo, la revista *Hordago-El Salto* desveló que la Ertzaintza cuenta con un sistema de reconocimiento de voz[37] Batvox fabricado por el proveedor de esta herramienta para el BBVA, la compañía española Agnitio, cuyo *partner* en Estados Unidos era una contratista de la policía vasca, la ya mencionada Verint Systems, firma israelí representada en el Estado español por una distribuidora del spyware Pegasus, Excem.

---

37. La compañía rusa Speech Technology Center, especializada en sistemas de reconocimiento de voz, es fabricante de un software de «análisis multimedia» instalado en los servicios informáticos y de comunicaciones del Departamento de Seguridad del Gobierno Vasco.

El Departamento de Seguridad sacó a concurso el suministro de un sistema de reconocimiento de voces por primera vez en 1995. El contrato estaba valorado en 39.000 euros, pero la adjudicación no se hizo pública. Todavía se desconoce cuándo adquirió el sistema de identificación de voz fabricado por la «empresa de espionaje» Agnitio, pero el primer contrato del Gobierno Vasco para la «renovación del mantenimiento, soporte y actualización» del sistema fue adjudicado por 21.599 euros a Agnitio en enero de 2016. Cinco años antes, Wikileaks había colocado a Agnitio entre las 160 compañías que se dedicaban al «espionaje masivo» a nivel mundial dentro de su filtración denominada Spy Files.

Agnitio fue creada por expreso interés de quien fuera jefe del Servicio de Criminalística de la Guardia Civil, José Antonio García. Según fuentes de la Guardia Civil citadas por el diario *El País*, el sistema de identificación de voz de esta firma habría servido para comparar la voz de Igor Portu, grabada en 2006 cuando «llamó a los bomberos para advertir de la colocación de una potente furgoneta bomba en el parking de la Terminal 4 del aeropuerto de Barajas de Madrid». Cuando Portu fue detenido en 2008, le grabaron la voz en comandancia y al comparar ambas grabaciones el resultado del cociente de verosimilitud fue «positivo». En 2018, el Tribunal Europeo de Derechos Humanos (TEDH) consideró probado que Portu había sido torturado por la Guardia Civil, pero en 2022 el Tribunal Constitucional español rechazó revisar su condena por el atentado de la T-4 en el que fallecieron dos personas.

La compañía española nació en 2004 como spin-off de un departamento de investigación de la Universidad Politécnica de Madrid. Su primer cliente fue la Guardia Civil y la expansión internacional comenzó cuatro años después en Estados Unidos, donde trabaja para el Ejército y el FBI. «Nos pasamos un poco en la internacionalización, la internacionalización venía dada, ya que vendíamos a policías y una vez que vendes a la Guardia Civil y a la Policía Nacional... intentas a la Ertzaintza y a los Mossos como mucho, pero te tienes que ir fuera», afirmaba en 2017 un representante de Agnitio en una publicación de la Universidad Politécnica de Madrid.

Poco después de empezar a trabajar para la policía vasca, Agnitio fue comprada por la firma Nuance Communications, una empresa que manejaba los datos de voz de los dispositivos de televisores inteligentes Smart TV de la compañía surcoreana Samsung. Mientras Nuance Communications seguía dando soporte al sistema de identificación de voz de la Ertzaintza, el Centro de Información de Privacidad Electrónica, junto a la Campaña por una Niñez Libre de Comerciales, el Centro para la Democracia Digital y la Unión de Consumidores, presentaron una queja ante la

Comisión Federal de Comercio asegurando que algunos juguetes para niños grababan conversaciones que se almacenaban en instalaciones de Nuance Communications. Esta firma también vendió al Gobierno Vasco en 2010 otro sistema de reconocimiento de voz, en este caso el denominado SpeechMagic y destinado a diversos centros hospitalarios de Osakidetza. El contrato estaba valorado en cerca de 300.000 euros. Un año después, Osakidetza le compró por 423.376 euros un «sistema de información por voz para diversos centros hospitalarios».

Agnitio y la compañía estadounidense Nuance Communications han llevado a cabo el servicio de soporte del sistema de identificación de voz de la Ertzaintza hasta 2021, pero su actualización corre ahora a cargo de la española Migertron. La actualización tendrá un coste de 164.995 euros y el proceso culminará en mayo del 2024. El contrato señala que la «identificación y comparación de locutores» es «habitual dentro de las labores» de la Ertzaintza.

Por su parte, Migertron, distribuidora de una firma cuyos productos están presentes en el arsenal tecnológico de la Ertzaintza, la israelí Cellebrite, aparece mencionada en el monográfico «La espiral de violencia de la España Fortaleza: Armas para la guerra y militarismo para blindar las fronteras», elaborado por el Centre Delàs d'Estudis per la Pau, en este caso como una de las principales beneficiarias de la militarización de fronteras. También citan a Migertron en el informe sobre «Vulneraciones de los derechos humanos en las deportaciones» del Instituto Internacional por la Acción Noviolenta. En concreto, por su rol en el suministro y mantenimiento de hardware y software del Subsistema Automático de Identificación Dactilar utilizado en aeropuertos.

La Ertzaintza, que desde 2010 participa en los Centros de Cooperación Policial y Aduanera y además está autorizada desde 2021 a realizar vigilancias transfronterizas, ha confiado a Migertron el suministro de un sistema de «última generación» para el escaneado y examen de huellas, con un contrato cercano a los 100.000 euros. En esta línea, a través de numerosos contratos menores también ha suministrado equipos para la detección de documentos de viaje falsos o alterados.

Lejos de detenerse a valorar si la experimentación con los sistemas de reconocimiento de voz que ha comprado puede entrar en conflicto con los derechos humanos, la Ertzaintza también está inmersa en la actualización de su sistema de reconocimiento facial.

300.000 rostros y 590.000 huellas

En los últimos años, espacios que acogen grandes eventos vienen contratando sistemas de reconocimiento facial como los implantados en Bilbao Exhibition Centre, la ciudad deportiva del grupo Baskonia-Alavés o en el complejo deportivo Estadio de Gasteiz. El propio Gobierno Vasco cuenta con varios sistemas de reconocimiento facial, la fundación Vicomtech le ha suministrado uno de ellos.

Desde la Unión Europea ya se ha advertido en varias ocasiones que el sistema de identificación facial es invasivo y atenta contra la dignidad de las personas. Por otro lado, un informe sobre la recogida de datos biométricos que también sirven para «conceder o denegar ayudas», titulado «La datificación de fronteras y gestión de los refugiados en el contexto de Europa», publicado por la Universidad de Cardiff en 2018, menciona directamente la tecnología de Indra, dado que es utilizada para recabar datos de los teléfonos móviles y las publicaciones en las redes sociales de quienes solicitan asilo. Se denuncia también que la información sobre huellas y rostros, habitualmente recabada en las fronteras, se deposita en Eurodac, una base de datos que el Gobierno Vasco considera que «se ajusta tanto al principio de subsidiariedad como al principio de proporcionalidad» y que «no va más allá de lo necesario para alcanzar el objetivo pretendido».

Precisamente la armamentista Indra, adjudicataria de contratos vinculados a la valla fronteriza de Melilla, ha sido elegida por el Gobierno Vasco para la «construcción de un sistema que permita la gestión de patrones vinculados con los rasgos faciales, las huellas digitales, etc. para la identificación de los ciudadanos» que utilizan diversos servicios de la Administración pública. Este sistema, con un coste superior a los 600.000 euros, tiene prevista una capacidad para 500.000 registros. El precedente de este proceder no estuvo exento de polémica. Ya en 2018, el Servicio Vasco de Empleo, Lanbide[38], puso en marcha un sistema de identificación a través de huellas dactilares que fue penalizado por la Agencia Española de Protección de Datos en 2019. El diseño del sistema de Lanbide se encargó a EJIE, sociedad pública del Gobierno Vasco, mientras que la equipación (283.000 euros) fue suministrada por Gertek, creada por empresarios jeltzales como Xabier Aguiriano y con apoyo jurídico de Joanes Labayen –este último es asesor del Gobierno Vasco y está casado con la presidenta del Parlamento Vasco, Bakartxo Tejería–.

---

38. En relación con Lanbide, el Plan Estratégico de Gobernanza, Innovación Pública y Gobierno Digital 2030 menciona «el uso de herramientas de inteligencia artificial que permita mejorar los emparejamientos demandantes de empleo/empresas». Herramientas como la inteligencia artificial también son empleadas en investigaciones sobre posibles fraudes entre algo más de 49.000 personas que perciben la Renta de Garantía de Ingresos (RGI). Los supuestos casos de fraude en la RGI en Euskadi se sitúan en el 0,45 %, pero se descarta utilizar tecnología avanzada para localizar a las cerca de 30.000 que podrían tener derecho a acceder a esta prestación por encontrarse en riesgo de pobreza y no la piden por desconocimiento.

Haciendo caso omiso a estas polémicas de los mencionados servicios de identificación con huellas y rostros del Gobierno Vasco, el Departamento de Seguridad culminó a mediados de 2022 el proceso de renovación de sus propios sistemas de reconocimiento facial y dactilar, por lo que cuenta ya con 300.000 rostros y 590.000 huellas en su sistema de información biométrica. Para actualizar el Sistema de Identificación Biométrica de la Ertzaintza contrató a la francesa Idemia Identity & Security por 3,2 millones de euros. El servicio recoge «la necesidad de incorporar información biométrica adicional», concretamente a través de procesos de búsqueda de «imágenes faciales», como «factor decisivo en la evolución de los sistemas de identificación policial» «en las fronteras del espacio Schengen».

El sistema piloto de reconocimiento facial de la policía vasca data del año 2008, cuando la francoalemana Sagem-Morpho, propiedad del gigante Idemia Identity & Security[39], proporcionó el programa informático Facette. Según medios especializados, este proveedor francés ha sido contratado también por el servicio de seguridad y de inteligencia nacional de Estados Unidos (FBI),

39. La propia Sagem había proporcionado a la policía vasca en 2006 el mantenimiento del sistema de identificación de huellas. El coste total de ambos contratos ascendió a 1,6 millones de euros. Una filial francoalemana de Sagem, Morpho, pasó a estar a cargo del sistema de huellas en 2011 por cerca de medio millón de euros.

aun cuando trató de ocultar que su software contiene un código del fabricante ruso Papillon, a su vez proveedor del Servicio Federal de Seguridad de la Federación de Rusia (FSB). También se hizo con un contrato para proporcionar equipos de reconocimiento facial al Buró de Seguridad Pública de Shanghái. Sus relaciones con Rusia y China no fueron ningún obstáculo para que fuera seleccionada para desarrollar una base de datos biométricos para los controles fronterizos en el espacio Schengen por parte de la Unión Europea.

Y ya en 1990 el Gobierno Vasco compró su primer programa de reconocimiento facial a la estadounidense North American Morpho Systems Inc[40]. En el año 2000, la Ertzaintza adquirió por primera vez un sistema de retrato robot para identificación facial, comprado por cerca de 71.000 euros a la española Elint[41], firma que importaba material desde Estados Unidos. Más tarde, en 2005, compró, por 93.820 euros, un sistema puntero en reconocimiento facial que se usaba en Estados Unidos, el

---

40. Según un informe de Privacy International publicado en 1995.

41. Dato recabado de la plataforma del Boletín Oficial del País Vasco. Por otro lado, en un cable publicado por WikiLeaks y fechado en 2009, la embajada de Estados Unidos en Madrid indicó que el Directorio General de Armamento y Material del Ministerio de Defensa español había «instruido a los servicios de defensa españoles a no usar los servicios de Elint» debido a la investigación por fraude abierta contra ella en Estados Unidos en torno a ventas de equipos de visión térmica que también había adquirido la policía vasca en 1995.

Face Explorer[42]. Cabe destacar que en Estados Unidos esta tecnología fue diseñada por y para hombres blancos de mediana edad, lo que conlleva que estas herramientas tengan un importante sesgo de raza, clase y género.

Precisamente, los sesgos y abusos en el empleo del reconocimiento facial han sido desvelados en Estados Unidos por la ONG Unión de Libertades Civiles de Estados Unidos (ACLU), el Instituto de Tecnología de Massachusetts (MIT) o el National Institute of Standards and Technology (NIST), y en el Estado francés por entidades como Technopolice, La Quadrature du Net o el Centro CNRS para Internet y Sociedad. A tenor de lo relatado en el documental *Coded Bias* (Sesgo Codificado) los sistemas de identificación facial pueden ayudar a perpetuar y amplificar injusticias sociales, en lugar de ser una herramienta que contribuya al desmantelamiento de desigualdades estructurales. Por ejemplo, en enero de 2020, Robert Julian-Borchak Williams, afroamericano residente en los suburbios de Detroit, pasó casi 20 horas detenido después de que un algoritmo de reconocimiento facial lo relacionase con el autor del asalto a una tienda de objetos de lujo. El algoritmo no estaba programado para distinguir con precisión a un afroamericano de otro. La denuncia surgió de

42. Dato recabado de la plataforma del Boletín Oficial del País Vasco. La proveedora de este sistema de reconocimiento facial para la Ertzaintza fue la compañía Migertron, a su vez encargada de actualizar el sistema de identificación de voz de la policía vasca.

una investigadora afroamericana, Joy Buolamwini, al darse cuenta de que un programa de reconocimiento facial no distinguía ni identificaba su rostro como el de una persona cuantificable para su base de datos, pero sí lo hacía cuando se colocaba una máscara neutra y blanca.

Con el objetivo de perfeccionar los métodos de identificación biométrica, la policía vasca participa en el programa europeo Starlight de uso de inteligencia artificial en labores policiales junto a Herta Security (Grupo Everis), líder mundial en tecnología de reconocimiento facial e identificación de multitudes. También hay una «iniciativa para que los ertzainas puedan verificar en la calle la identidad de los ciudadanos a través de dispositivos móviles de forma rápida».

Para ir finalizando con el capítulo de control social a través de la recogida de datos de identificación de voces y rostros, es preciso señalar que la Ertzaintza lleva más de tres décadas recopilando material videográfico, huellas dactilares y muestras de ADN. Esta práctica va a continuar en su proceso de transformación. Así se desprende de los contratos para el suministro de un sistema de secuenciación masiva de ADN, datado en el año 2021, o la compra de 1.387 cámaras individuales (*body cams*) para los ertzainas, fechado en el 2022.

Pioneros en ADN

A principios de la década de los 2000, la Ertzaintza efectuó numerosas detenciones de jóvenes, especialmente en Bizkaia, relacionados supuestamente con diferentes actos de sabotaje. La portavoz de la asociación Gurasoak, Txusa Etxeandia, contó en 2007 al diario *Gara* que en entonces, durante los registros policiales a los domicilios de esos arrestados, «iban a por cepillos de dientes, ropa...», y a su asociación «llegaron denuncias de jóvenes a los que se paraba en controles de alcoholemia y se les hacía soplar a todos los ocupantes del vehículo, no sólo al conductor», o que «tras las concentraciones solían llegar ertzainas a recoger las colillas...». Finalmente, se dieron cuenta de que lo que hacían eran «pruebas de ADN que se aportaban luego para inculpar a los chavales».

En 2013, cuando condenaron a una persona acusada de participar en la *kale borroka* gracias a una prueba de su saliva que había escupido en el suelo al salir de la celda, Adela Asúa, vicepresidenta del Tribunal Constitucional entre 2011 y 2017, excolaboradora del movimiento pacifista vasco Gesto Por La Paz, advirtió que la Ertzaintza no podía «legítimamente realizar análisis del ADN sobre muestras o restos biológicos de un detenido tomadas sin su conocimiento, sin contar con la previa autorización judicial y consecutivo control, exigencia derivada del respeto a los derechos fundamentales a la intimidad y a la tutela judicial».

Según el informe «Vigilancia masiva y control de la disidencia europea, vigilancia Hi-Tech en tiempos del Covid-19», publicado por la European Network of Corporate Observatories, el Observatoire des Multinationales, el Observatorio de Derechos Humanos y Empresas en el Mediterráneo (Novact y Suds) y Shoal Collective, con el apoyo financiero de la Open Society Foundation, el Instituto Catalán Internacional por la Paz y el Ayuntamiento de Barcelona, «la policía vasca comenzó a utilizar las pruebas genéticas para acusar a decenas de jóvenes en procesos judiciales, lo que provocó que algunos de ellos sigan cumpliendo penas de prisión excepcionalmente largas». Añade el documento que «este hecho condujo al descubrimiento de que la policía regional había estado creando una base de datos desde los años 90 con cientos de huellas dactilares y rastros de ADN» recogidos en distintos lugares, «para compararlos con otros que a menudo se obtenían sin una orden judicial»[43].

Por aquellas fechas, la policía vasca había adquirido a la empresa estadounidense Applera, a su vez contratista del Ministerio del Interior, diversos suministros vinculados a genética

43. El alto mando de la Ertzaintza que a finales de los años 90 promovió el uso de nuevas herramientas de investigación como el ADN, Natxo Ormaetxea, tras su paso como responsable de seguridad de Euskal Telebista, terminó trabajando para una empresa de seguridad privada vinculada a un propietario de clubes de alterne y en la actualidad es responsable de seguridad del grupo industrial Ormazabal.

forense por valor de 66.000 euros. En 2021, la Ertzaintza compró por 86.439 euros un sistema de secuenciación masiva de ADN a la también estadounidense Life Technologies.

En 2022, el software CODIS de «almacenamiento y comparación de perfiles genéticos de interés penal criminal» contenía un registro de 13.899 referencias sobre muestras de ADN en poder de la Ertzaintza. Cuatro años antes, en 2018, en lugar de reforzar el servicio de la Sección de Genética Forense de la Policía Científica de la Ertzaintzas, se había procedido a la privatización del servicio de análisis de ADN que venía realizando, y para principios de 2023, la Ertzaintza acumulaba 35.000 muestras de delitos sin analizar. En el año 2019, 25.000 muestras acumuladas de 9.000 casos fueron trasladadas de los laboratorios de la Ertzaintza a la fundación Tecnalia para que a cambio de un contrato de 800.000 euros se hiciera cargo de su análisis. Aunque desde la Ertzaintza se justificó la privatización por motivos relacionados con la falta de personal especializado, en ese momento la policía vasca contaba con 64 agentes con titulación específica para estas labores.

En septiembre de 2023, un juzgado de Donostia decidió absolver al acusado de un robo en una joyería de la capital guipuzcoana debido a «irregularidades» en las pruebas de ADN practicadas por la Ertzaintza. Durante el juicio, peritos de la policía vasca afirmaron que el perfil genético obtenido de un objeto encontrado en el escenario del crimen fue comparado con la base policial de ADN, «lo que permitió constatar que se correspondía con una muestra del procesado que constaba en la base». El juzgado tuvo en cuenta los argumentos de la defensa del acusado, cuya muestra contenida en la base policial había sido tomada tiempo atrás «sin su consentimiento, y además con una vulneración posterior de su derecho de cancelación y rectificación de este tipo de pruebas».

Con apoyo de la Unión Europea, la Ertzaintza colabora en un proyecto para crear la Base de Datos Policial de Patrones de ADN, junto a la Policía española y la Guardia Civil. A nivel internacional, el Área de Laboratorio de la Ertzaintza ha venido participando en estudios de genética sobre población de Colombia, Argentina, Nicaragua, Honduras y Brasil, accediendo así a bases de datos de estos países.

Así, con miles de rostros, huellas, voces y muestras de ADN de las que dispone la Ertzaintza, se forman las fichas policiales que aportan información para dos bases de datos, Metamorpho (sistema de identificación de huellas) y Sigma (datos fisonómicos y reseña fotográfica-videográfica). A toda esta información se suma que el sistema informático de la Ertzaintza permite utilizar la imagen del rostro de una persona para rastrearla entre las 67.000 fichas policiales de personas detenidas desde la creación del cuerpo en 1982 hasta

2014[44]. A fecha de hoy, desconocemos la cifra exacta de fichas que maneja, un síntoma más de la opacidad del cuerpo policial. Como botón de muestra, solo durante los cinco primeros días de las fiestas de Aste Nagusia de Bilbao en 2023, hasta más de cien detenidos pasaron por dependencias de la Ertzaintza en la capital vizcaína. Durante el año 2021, la Ertzaintza y Policía Municipal de Bilbao llegaron a detener a 2.893 personas en «la quinta ciudad más segura del planeta según World's Best Cities 2021».

En 2020, la programación del software encargado de las fichas policiales, denominado Uxue, fue requerida a la firma vasca Bilbomática, en la actualidad investigada por la Autoridad Vasca de la Competencia por su posible participación en una presunta trama de prácticas colusorias en contratación pública. La que fuera su filial estrella, Gespol, ha estado implicada en la operación Enredadera, una investigación judicial contra la corrupción que salpicó al Gobierno Vasco[45]. Fun-

---

44. Estos datos sirven a la aplicación Inter-Afis, adquirida a la fracoalemana Morpho en 2011 por 423.728 euros, y que posibilita a la policía vasca la búsqueda de coincidencias en las bases de datos de las Fuerzas de Seguridad del Estado y de las policías europeas.

45. Paradójicamente, el Gobierno Vasco reclama a Bilbomática más de 3,2 millones de euros en ayudas de los programas Gaitek, Etorgai y Hazitek que recibió entre los años 2007 y 2016. El fundador de la empresa, Víctor Malpartida, fue mencionado por el diario *Egin* debido a su relación con una empresa del «caso Tragaperras», una trama de fraude y comisiones ilegales en el sector del juego que salpicó al PNV.

dada por Walter Mattheus y el empresario jeltzale Víctor Malpartida, la filial de Bilbomática mantuvo relaciones con Christian Liesau[46], a su vez contratista de la Ertzaintza y proveedor de aparatos de escuchas para el Centro Superior de Información de la Defensa (CSID) en la década de los 90.

Pero, además, el incremento de fichas policiales y bases de datos va a ser complementado con más reseñas fotográficas y videográficas a través de la nueva plataforma de vídeo que incorporará imágenes grabadas por drones, helicópteros y *bodycams*. Además, como nueva vuelta de tuerca, la Ertzaintza tiene prevista la «integración con sistemas de seguridad y videovigilancia externos tanto públicos como privados, especialmente de aeropuertos, puertos, ferrocarriles, túneles, carreteras e industrias» que incluyen cámaras inteligentes[47].

---

46. Liesau era representante de la firma Siaisa. Esta compañía creó la mercantil Tradesegur, a la que la Ertzaintza ha requerido recientemente una Red de OCR (Optical Character Recognition) para la lectura automática de matrículas en las principales vías de comunicación.

47. Plan General de Seguridad Pública de Euskadi 2020-2025.

5

Nuevos sistemas de videovigilancia

Dronificación

Los drones ya se están empleando para vigilar el acceso a eventos masivos y su manejo por control remoto sirve para vigilar a la población. El politólogo Enric Luján advierte que «estamos asistiendo a una dronificación de la violencia del Estado». El caso de la policía vasca no es diferente: la vigilancia desde el aire es otro de los ejes estructurales de la «modernización de la Ertzaintza». Los Presupuestos del Gobierno Vasco para el año 2023 recogen que el Departamento de Seguridad tiene previsto «continuar con la dotación de aeronaves de uso policial». Recientemente han creado la Unidad de Drones, y en los años 2021 y 2023, el «congreso de aviación policial más importante de Europa», PAvCon Europe, eligió como sede la base de la Ertzaintza de Iurreta.

Los vehículos aéreos no tripulados van a ser «imprescindibles» para el Departamento de Seguridad vasco[48]: ha comprado drones para usos muy amplios, entre ellos la «vigilancia de manifestaciones», «la visualización discreta de zonas con difícil acceso», «la persecución de delincuentes», «el control de masas» y «la localización de teléfonos activos», así como «la fotogrametría y reconstrucción en 3 dimensiones».

El Departamento de Seguridad los puso a prueba a lo largo del 2018, «en diferentes dispositivos de vigilancia y control de eventos masivos como el BBK Live Festival, las finales europeas de la Challenge Cup y Champions Cup de rugby y la celebración de los premios MTV EMA (European Music Awards)[49]». También ha probado su uso en simulacros de ataques terroristas.

En 2016, el lehendakari Iñigo Urkullu inauguró la nueva sala de crisis del supercuartel de Erandio, y a través del *videowall*[50], presenció en

---

48. Una de las proveedoras de drones para este departamento es la firma Sitep. Su producto estrella es el imponente dron helicóptero SITEP HO1, publicitado como una «aeronave poderosa y versátil con un gran número de aplicaciones en defensa, seguridad y emergencias». Otra proveedora, RC Innovations (Unmanned Technology SL), se presenta como «pionera en el mundo de los multicopteros, también llamados multirrotores o drones además de aviones para FPV, UAV o RPAS» y que equipa sus aparatos «con productos de empresas punteras del sector: DJI, Yuneec, ZeroUAV, Tmotor, Leopard, APC, Skywalker, Graupner, Futaba...».

49. Memoria de la evaluación del año 2018 sobre el Plan General de Seguridad Pública de Euskadi 2014-2019.

50. Conjunto de monitores que pueden videoproyectar, a través de su unión, en una pantalla grande o matriz.

tiempo real un simulacro desplegado en los alrededores de Bilbao Exhibition Centre (BEC), en Barakaldo, con señales de vídeo emitidas por drones y uno de los helicópteros de la flota aérea de la Ertzaintza. Recientemente, al helicóptero EC-135 le han instalado nueva equipación para mejorar sus labores de apoyo a seguimientos de personas, así como para la vigilancia de manifestaciones y eventos.

A finales del 2022, la Ertzaintza presentó en sociedad algunos «juguetes» con inteligencia artificial durante un ejercicio práctico en el que se utilizaron programas para detección de drones no autorizados. Se trata de un tipo de programa que también han implantado en estadios de fútbol. Son similares al sistema de inhibición contra drones del Departamento de Seguridad del Gobierno Vasco, adquirido por 15.170 euros a Asesoramiento y Servicios de Drones SL. Esta es una empresa que algunos medios han vinculado a la trama de «Tito Berni», como se conoce al cabecilla del conocido «caso Mediador» por el que se llevaban «mordidas» a cambio de conseguir contratos públicos a empresarios. Nos referimos al exdiputado socialista Juan Bernardo Fuentes, quien encabeza la trama junto al general de la Guardia Civil Francisco Espinosa Navas.

Por otro lado, ASDT Systems Europe, proveedora del sistema antidron del Ministerio de Defensa, ha suministrado a la Ertzaintza, por 16.313 euros, un sistema de detección de drones a través de equipo portátil. Su producto estrella, denominado Sendes, es el sistema de radiofrecuencia para inhibición y detección. Entre sus clientes figuran aeropuertos, prisiones, centrales nucleares, refinerías de gas y petróleo, estadios de fútbol, edificios gubernamentales y núcleos urbanos, entre otros. La firma publicita que, durante el año 2022, su tecnología ha detectado y monitorizado más de 46.000 vuelos de drones solo en territorio español. No es baladí señalarlo, ya que la detección de vuelos no autorizados de drones o de vuelos en áreas prohibidas también sirve a la Ertzaintza para poner multas y así recaudar dinero.

En las tareas de seguimiento a vehículos a través de drones y helicóptero, la Ertzaintza también se apoya en una Red de OCR (Optical Character Recognition) para la lectura automática de matrículas en las principales vías de comunicación, complementada por sistemas de captación de datos de tráfico en emplazamientos estratégicos de la red de carreteras.

Mientras avanza el proceso de transformación tecnológica de la Ertzaintza, la Unidad de Vigilancia y Rescate (UVR) está bajo mínimos y la Consejería de Seguridad ha tardado varios años en iniciar el procedimiento para renovar su obsoleta flota de helicópteros, cuyo mantenimiento tiene un coste de más de un millón de euros anuales. La precariedad de medios en esta unidad en los últimos años provocó la dimisión de un mando y la renuncia de medio centenar de agentes[51].

Sin embargo, la Ertzaintza se afana en renovar el sistema para la transmisión y recepción de vídeo desde helicóptero para apoyar seguimientos en operaciones encubiertas y vigilancia de manifestaciones y eventos, un contrato por valor de 1,6 millones para labores represivas desde el aire. La compañía Telefónica proveerá este sistema para el helicóptero EC-135 de la firma Airbus que pertenece a la flota aérea de la Ertzaintza. El simulador de entrenamiento y habilitación de pilotos ha sido adquirido por 100.000 euros a Indra, que ya ha sido mencionada, proveedora de equipamientos para helicópteros del Ejército español utilizados en Afganistán.

El helicóptero EC-135 contará con una cámara Flir Star Safire y el sistema xProtect de la firma Milestone. Esta empresa danesa se presenta como «líder global en el mercado del software de gestión para plataformas abiertas de

---

51. Como nota anecdótica cabe señalar que, por primera vez, el Departamento de Seguridad del Gobierno Vasco se dispone a arrendar medios aéreos para la extinción de incendios en Euskadi. Lo que no han publicado las notas de prensa del Gobierno Vasco en relación con este asunto es que buena parte de los contratos de la flota de helicópteros de la Ertzaintza (asistencia sanitaria, simulacros de cooperación transfronteriza, cursos para extinción de incendios) ha sido monopolizada por mercantiles del denominado «cártel del fuego», investigado por la Comisión Nacional de los Mercados y la Competencia por repartirse contratos públicos.

videovigilancia»[52]. Del mantenimiento de este sistema danés se hará cargo Adtel Sistemas de Comunicación, una vieja conocida del almacén tecnológico de la Ertzaintza, la Policía española y la Policía de Moscú.

Bodycams y operaciones de vigilancia

La videovigilancia desde el aire con drones y helicópteros va a ser complementada con la de a pie de calle. Tras presupuestar una inversión de cerca de cuatro millones en los dos primeros proyectos de *bodycams*, los Presupuestos del Gobierno Vasco para el año 2023 mencionan que el Departamento de Seguridad tiene previsto el «desarrollo e implantación de los proyectos de Vídeo y Multimedia del Departamento de Seguridad». El incremento del volumen de trabajo en esta área va a ser tan relevante que el propio Gobierno Vasco reconoce que «la recogida de imágenes de video con reconocimiento facial» y «la gestión de imágenes requiere, no solo

52. En la década de los 90, la británica TV2 Ltd suministró a la española Aerlyper, proveedora de aviones espía para el Ejército español, un sistema de videovigilancia para helicópteros que terminó comprando la Ertzaintza. Posteriormente, el Departamento de Seguridad del Gobierno Vasco contrató a Aerlyper para trabajos relacionados con el Sistema de Transmisión de Imágenes desde Unidades Móviles. En aquella época, la firma armamentista vasca Sener estaba encargada del servicio de ingeniería en helicópteros y comunicaciones móviles de la Ertzaintza.

redes de comunicaciones de alta capacidad en movilidad, sino también capacidad de almacenamiento y tratamiento de información mucho más potente de la mano de la computación cuántica»[53].

Para un programa piloto en esta materia, la Ertzaintza contó con Motorola Solutions, distribuidora de «accesorios que un agente encubierto necesita para realizar sus tareas». Fue requerida para el «suministro, instalación y soporte de sistema» de 45 «cámaras personales para uso policial». Tras dar por concluida esta prueba piloto, recientemente se ha puesto en marcha la «plataforma integral de gestión de vídeo y sistema de cámaras individuales» del Departamento de Seguridad. Esta plataforma viene acompañada de la adquisición de 1.387 *bodycams,* de ellas 922 para patrullas de Seguridad Ciudadana y 300 para la Brigada Móvil. Se trata del contrato de innovación más publicitado por la Consejería de Seguridad en los últimos dos años, valorado en cerca de tres millones de euros y supervisado por la Oficina Central de Inteligencia.

Pero hasta ahora no se había hecho público que el contrato de las cámaras para los ertzainas se lo ha llevado la compañía Telefónica, proveedora de las *bodycam* de la firma norteamericana Axon Enterprise[54]. Por su parte, Axon Enterprise

53. Estrategia para la Transformación Digital de Euskadi 2025.

54. Para instruir a los agentes en el uso de estas cámaras, la Ertzaintza también ha contratado a Telefónica.

es el fabricante de las pistolas Taser, un arma cuyo uso policial provocó, por ejemplo, la muerte de Keenan Anderson, primo del fundador del movimiento Black Lives Matter Patrisse Cullors, el 3 de enero de 2023. La propia Telefónica entregó munición para las pistolas Taser a la Policía española durante la cumbre de la OTAN celebrada en Madrid en junio de 2022.

La nueva plataforma de gestión de vídeo y sistema de cámaras individuales supone la culminación del proyecto piloto 3i-kusle, puesto en marcha en 2021 en Bilbao La Vieja[55]. Precisamente, en ese barrio la Ertzaintza sancionó hace tres años a un vecino que había grabado un vídeo que contenía imágenes de una detención criticada por SOS Racismo y recogida en un informe presentado en el Parlamento Vasco por la entidad Network Against Racism. Tras las críticas vertidas en 2022 por parte de la Comisión de Control Policía en torno a la citada detención, la Ertzaintza se ha visto obligada a cambiar el protocolo interno y tendrá que

55. A finales de los años 90, la Ertzaintza instaló cámaras ocultas en el denominado «operativo barrio chino de Bilbao», forma peyorativa para referirse a los barrios de San Francisco, Zabala y Bilbao La Vieja. En cambio, no planeó instalar cámaras en los calabozos de las comisarías hasta el año 2006. Las actuaciones policiales sobre población inmigrante en este operativo fueron objeto de reproche por parte de SOS Racismo y el Ararteko, este último también elaboró otro informe en 2010 que incluía críticas al estado de los calabozos de la Ertzaintza y proponía instalar de cámaras de videovigilancia para evitar episodios de malos tratos en dependencias policiales.

remitir al juzgado las imágenes de las grabaciones realizadas en cualquier arresto.

No es la primera vez que llueven críticas sobre la intolerancia de la Ertzaintza a que se graben sus intervenciones. En 2017, cuando al periodista Mikel Sáenz de Buruaga, de la radio Hala Bedi, le impusieron una multa por grabar una actuación de la Ertzaintza, la primera sanción aplicada por la policía vasca a un profesional de los medios de comunicación en aplicación de la Ley Mordaza. Dos años después, en 2019, un juzgado de Gasteiz anuló la sanción[56]. Previamente, en 2016, la Ertzaintza había golpeado a un periodista de la revista *Argia*, Lander Arbelaitz, cuando estaba grabando una actuación. Ambas agresiones a la libertad de expresión fueron criticadas por diversas asociaciones de periodistas.

La videovigilancia tampoco se muestra muy útil para disciplinar conductas inadecuadas por parte de los ertzainas. La comisión de transparencia policial de Euskadi concluyó en octubre de 2022 que el Gobierno Vasco no investigó lo suficiente a los agentes y fallaron los controles sobre la legalidad de su actuación durante una detención practicada en el barrio bilbaíno de San

56. En este sentido, cabe mencionar una información publicada por el periodista Ramón Sola, quien desveló que, durante 2022, «solo la Ertzaintza (sin contar cuerpos locales bajo control jeltzale)» había utilizado la Ley Mordaza 45.000 veces, a ritmo de 16 al día», y lo hacía además contra la decisión del Parlamento de Gasteiz en 2016.

Francisco en junio de 2021. El atestado policial omitió lo que las cámaras habían grabado; es decir, que los ertzainas rodearon a dos jóvenes de origen árabe y uno de ellos le propinó un puñetazo en el rostro a escasa distancia. Estando sujeto por los brazos, el mismo agente le lanzó dos patadas, la segunda en el torso, y otra tercera mientras el detenido caía al suelo. Fue sujetado en el suelo, mediante algún pisotón en las piernas, y finalmente, estando esposado, recibió en su cara la bota de un agente; en este contexto, uno de los agentes, que estaba agachado sobre él, le propinó varios puñetazos en el rostro. Nada de esto figuraba redactado en el atestado policial.

Todas las grabaciones de vídeo realizadas por la policía vasca cuentan con una presentación mural de imágenes para la Ertzaintza, es decir, un sistema *videowall*, instalado en cualquier centro de coordinación de recursos, puesto de mando, sala de crisis y centro de gestión y monitorización de red. Estos sistemas fueron comprados a RPG Informática, contratista habitual de la Guardia Civil para este tipo de servicios. El mantenimiento del sistema cuesta 60.984 euros anuales.

Más allá de las cámaras individuales de los agentes, la videovigilancia policial está cada vez más extendida en Euskadi; un ejemplo de ello es Gipuzkoa, donde el aumento ha sido del 30 % en los últimos cinco años. En 2015, las calles contaban con 2.696 cámaras instaladas: Bizkaia era la más vigilada, con 1.618 cámaras, frente a las 667 de Gipuzkoa o las 411 de Araba.

En los últimos años ha trascendido a la opinión pública la colocación de este tipo de cámaras ocultas por parte de la Ertzaintza en el barrio bilbaíno de San Francisco, para controlar fundamentalmente a población inmigrante, y también frente a un centro islámico en Gasteiz, ambos asuntos criticados por sos Racismo. En 2013, hasta en 35 ocasiones la Ertzaintza utilizó dispositivos móviles de grabación sin la ratificación previa del organismo que supervisa el uso de estos sistemas, la Comisión de Videovigilancia y Libertades. Por otra parte, en la misma línea, más de medio centenar de personas fueron procesadas por los incidentes de La Salve de 1993 en Donostia, la mayoría de ellas por las filmaciones de cámaras ocultas, instaladas sin autorización judicial, aportadas por la Ertzaintza en el juzgado. Uno de los jueces, Luis Blánquez, consideró «improcedente» que las grabaciones hubieran estado fuera de la sede judicial y que no se entregasen al juzgado todas las cintas grabadas durante las horas que estuvieron instaladas las cámaras ocultas, sino únicamente un resumen.

En el marco de las operaciones de vigilancia, la Ertzaintza contaba hasta ahora con equipos para unidades móviles de transmisión de vídeo fabricados por la firma estadounidense Silvus Technologies, importante contratista de la Agencia de

Proyectos de Investigación Avanzada de Defensa de Estados Unidos (DARPA). El último suministro de nuevo material para unidades móviles de transmisión de video y de accesorios para equipamiento de vigilancia ha corrido a cargo de Fortier Europe. Esta firma suministró a la Guardia Civil «sistemas de vídeo micro 4G». La Consejería de Seguridad del Gobierno Vasco también recurrió a Fortier Europe para comprar material por valor de 871.200 euros para «unidades móviles de transmisión de video», «previamente seleccionado por la Oficina Central de Inteligencia». El contrato se refiere a «equipamiento para la transmisión de señales de videovigilancia procedente de cámaras».

Para el servicio de cámaras ocultas, la policía vasca también ha contado con GTS-Thaumat XXI, a la que ha comprado material por valor de 125.830 euros. Esta última, proveedora a su vez de material para la red Tetra de la Ertzaintza, pertenece al Grupo Ezentis, vinculado a la familia del exministro de Interior Juan Cotino y de la que fue consejero el exministro Josep Piqué.

Asimismo, el Departamento de Seguridad dispone de un «sistema de transmisión y captación de video para despliegue rápido en incidentes, sin requerir de infraestructuras previas en el lugar de despliegue». Se trata del sistema Preder (Punto Remoto de Despliegue Rápido), adquirido por más de 400.000 euros a la firma Adtel Sistemas de Comunicación, a su vez proveedora de cámaras de vídeo para operativos de la Policía Nacional. Las imágenes captadas con estos medios son «transmitidas en tiempo real para su reproducción en aquellos lugares en los que se requiera disponer de las mismas para la gestión de la incidencia ya sean vehículos de mando avanzado y/o salas de gestión de crisis». Además de comprar equipos de última tecnología, la Ertzaintza colabora en variados programas de seguridad europea para implementar herramientas como la inteligencia artificial ante «nuevas amenazas».

La policía vasca aplica de esta manera el concepto de seguridad post-Panóptico, el «NeoConÓptico», es decir, vigilancia masiva, financiada con dinero público, con las tecnologías más avanzadas aportadas por el complejo industrial de la seguridad. El modelo Panóptico consiste en un concepto de prisión diseñado en 1785 por el filósofo inglés Jeremy Bentham, un diseño que permitía a los vigilantes observar a todos los prisioneros sin que estos supieran si estaban siendo vigilados en un momento dado. Varios siglos más tarde, el filósofo francés Michel Foucault adoptó el término como una metáfora de las técnicas de vigilancia y control social en la sociedad moderna.

El libro *NeoConOpticón: el complejo industrial europeo de la seguridad*, publicado en 2009 por Transnational Institute, actualizó la investigación «Armando al Gran Hermano», un informe del 2006 que examinó el Programa Europeo de

Investigación en Seguridad (ESRP). Este programa, ideado con la excusa de proteger a los ciudadanos de la UE, buscaba fomentar con fondos públicos el crecimiento de una industria con base en Europa y competitiva a nivel mundial. El concepto NeoConÓptico, según su autor, Ben Hayes, activista, investigador y consultor independiente, sirve para enfatizar tanto el papel central que desempeña el sector privado en la creación de políticas neoliberales de seguridad basadas en la vigilancia, como en el llamamiento neoconservador a la defensa del territorio nacional en contra de las amenazas al estilo de vida occidental promovido por la UE y otros poderosos elementos.

6

Modelo de seguridad predictiva

Inteligencia artificial: usos y abusos

La inteligencia artificial y los algoritmos han venido para quedarse, también en la Ertzaintza, pero la transparencia brilla por su ausencia. Cuando el consejero de Seguridad, Josu Erkoreka, fue interpelado en el Parlamento Vasco para dar explicaciones sobre los sistemas de inteligencia artificial que utiliza la Ertzaintza, remitió una escueta respuesta. Según Erkoreka, su consejería tan solo utiliza «Bussines Intelligence para la obtención de indicadores con el fin de hacer predicciones y simulaciones basadas en los datos que contiene el Sistema de Información Policial con el propósito de facilitar la planificación de actividades preventivas y ayudar a la investigación gracias al uso de modelos predictivos, a la identificación de patrones de víctimas y autores y al uso de mapas de calor que permiten identificar zonas de mayor conflictividad».

Aunque la literatura de la Ertzaintza sobre la digitalización y la inteligencia artificial en su nuevo modelo policial pudiera ser considerada una mera estrategia de *marketing* sin fundamento científico, lo cierto es que el Departamento de Seguridad participa en programas con financiación europea que operan en el área de la inteligencia artificial y los algoritmos predictivos. La participación de la Ertzaintza en seis proyectos de aplicación de la inteligencia artificial le ha reportado un total de 876.125 euros de los fondos europeos. El consejero de Seguridad del Gobierno Vasco obvió mencionar estos detalles cuando fue interpelado en el Parlamento Vasco.

En este contexto hay que mencionar el programa europeo Aligner, presentado como la «hoja de ruta de inteligencia artificial para las fuerzas de seguridad»[57]. Además, la Ertzaintza también colabora en el programa Darlene, un proyecto que «combina las capacidades de las gafas de realidad aumentada (RA) asequibles, discretas y ligeras, con

57. También merece citar el programa europeo Pop AI para colaborar en un centro europeo de inteligencia artificial para asegurar el cumplimiento de la ley. Otro proyecto europeo, Starlight, tiene como objetivo que las fuerzas de seguridad puedan «combatir la delincuencia con soluciones de IA». Otro proyecto en el que participa se denomina Impulse, centrado en las tecnologías disruptivas de inteligencia artificial y *blockchain*, y su impacto en la identificación electrónica. Por último, destaca el programa Law-Game, un método de examen forense basado en la gamificación para desarrollar las competencias requeridas a fin de llevar a cabo el análisis de inteligencia asistido por inteligencia artificial y la predicción de actos ilegales.

potentes algoritmos de aprendizaje automático, técnicas de integración de información de sensores o la reconstrucción tridimensional».

La policía vasca ha colaborado, junto al complejo industrial europeo de la seguridad, en al menos 17 proyectos del programa H2020 de la Unión Europea, 11 de los cuales se han iniciado en 2021 y que engloban tanto acciones de innovación (IA) como de Investigación e Innovación (RIA) y nuevos proyectos del programa ISF (Police)[58]. Además, de los fondos europeos Next Generation también hay medio millón de euros que pretende destinar a la renovación del Sistema de Inteligencia de la Ertzaintza para establecer «predicciones delictivas» o «prevención de actividad criminal» mediante algoritmos.

En el denominado espacio europeo de seguridad, la Ertzaintza también participa en algunos programas sobre terrorismo. Entre ellos podemos destacar el denominado como Prevision, dirigido a «ofrecer una gestión de la información y el flujo de datos para luchar contra el cibercrimen y el terrorismo»[59] y por el que la policía vasca ha reci-

---

58. Plan General de Seguridad Pública de Euskadi 2020-2025.

59. Otro programa de este ramo, Trace, gira en torno a asuntos como la «financiación del terrorismo» y le reportó al Gobierno Vasco una ayuda de 99.375 euros. Además, participa en el programa europeo Lets-Crowd sobre «lucha contra el crimen y el terrorismo durante reuniones masivas» cuenta con una financiación europea de 81.315 euros para el Gobierno Vasco, y por otro lado, junto a profesionales de los servicios de inteligencia y seguridad militar, la

bido una ayuda de fondos europeos por importe de 259.775 euros. También se ha implicado en el proyecto europeo MASC-CBRN, cuya finalidad es «la prevención y neutralización de ataques químicos, biológicos, radiológicos y nucleares».

En este apartado de programas de seguridad europea no es baladí señalar que la Consejería de Seguridad, inmersa en perseguir delitos de la era de la globalización, «la ciberdelincuencia, la delincuencia organizada y el terrorismo yihadista», tiene prevista la creación de una Unidad de Cooperación Policial Internacional para la vigilancia de las fronteras.

El control de las fronteras no es un asunto ajeno a las labores de la Ertzaintza. A finales del 2021 se creó la Jefatura de Cooperación Exterior, «encargada de diseñar, planificar y canalizar las relaciones de cooperación de la Ertzaintza con otras instituciones públicas y privadas, tanto en el ámbito interno, como en el internacional». En este contexto, cabe señalar que la Consejería de Seguridad del Gobierno Vasco participa en los Centros de Coordinación Policial y Aduanera (CCP/CCPA) y tiene acceso a bases de datos de la Europol y la Interpol. Además, pretende potenciar el acceso a SIENA (sistema de intercambio de información de Europol) a través de REDPOL (red cifrada) y habilitar un acceso

---

Ertzaintza está presente en el programa Notiones contra los ciberataques y ha percibido ya por ello una ayuda europea de 53.300 euros.

directo de la Ertzaintza, sin depender del Ministerio del Interior español, a las bases de datos de Europol e Interpol. También solicita participar en el establecimiento de las prioridades para definir los proyectos del EMPACT (European Multidisciplinary Platform Against Criminal Threats).

De hecho, la tecnología de la industria de seguridad vasca alcanza el control de fronteras vía satélites. En opinión de Juan Tomás Hernani, CEO de la firma vasca Satlantis, «en Defensa estamos en una nueva Guerra Fría». Por ello, su empresa ha decidido servir «al bando occidental». La compañía se presenta como una empresa de «soluciones satelitales» para «responder a retos» en la «seguridad». En concreto menciona «la vigilancia marítima y de fronteras» como elementos clave de su modelo de negocio. Satlantis Microsats lidera dos proyectos en el marco del Programa Europeo de Defensa, subvencionados con 4,8 millones de euros. Asimismo, el Gobierno Vasco y la Diputación de Bizkaia han inyectado otros cuatro millones en la firma de satélites.

La relación de dicha empresa con el eje atlántico se ha consolidado desde el pasado abril de 2022, cuando su matriz estadounidense, Satlantis LLC, nombró nuevo presidente a Sean O'Keefe, quien ocupó varios altos cargos en la Administración estadounidense presidida por George H. W. Bush. Fue, entre otras cosas, subdirector de la Oficina Presupuestaria del presidente, secretario de la

Armada de los Estados Unidos o Marina de Guerra de Estados Unidos (USN; oficialmente y en inglés, United States Navy) y *chief financial officer* o máximo responsable del Departamento de Defensa.

Entre los accionistas de Satlantis Microsats destaca la presencia de la consultora Everis, presidida por el exministro de Defensa Eduardo Serra. Ello ha marcado el funcionamiento de la firma; según un documento judicial, cuando el equipo de dirección de Everis planeó la adquisición del total de participaciones que ostenta FIT Inversión en la empresa vasca, este recibió «el apoyo de un socio industrial español, cuya idoneidad había sido objeto de consulta previa con el Ministerio de Defensa y el Centro Nacional de Inteligencia». En este sentido, Satlantis también se está consolidado entre bambalinas como un actor clave en el resto del Estado.

En este contexto de colaboración en seguridad europea también hay que referirse al programa europeo Prepare. Este consiste en vigilar a los hijos e hijas de familias islamistas y se complementa con el Plan Estratégico de la Ertzaintza contra el Islamismo Radical. Además, a nivel del Estado español, la Consejería de Seguridad del Gobierno Vasco ha logrado integrarse en la mesa que evalúa el nivel de amenaza terrorista, presidida por el Centro de Inteligencia contra el Terrorismo y el Crimen Organizado (CITCO) del Ministerio del Interior[60] y que cuenta con la participación del Centro Nacional de Inteligencia (CNI)[61].

En octubre de 2022, la Ertzaintza realizó un simulacro para hacer frente con herramientas basadas en inteligencia artificial a «nuevas amenazas» como un ataque terrorista con sustancias peligrosas o un ciberataque. En esta línea de «estado de alarma permanente», el Departamento de Seguridad del Gobierno Vasco ha adquirido equipos denominados «burbujas tácticas para comunicaciones multiservicio en incidentes críticos» que suelen utilizarse para crear «una red privada autónoma, robusta y segura que puede desplegarse en pocas horas para garantizar la cobertura móvil en torno a un campo de operaciones de misión crítica específico como un ataque terrorista». Para ello contrató, por cerca de 600.000 euros, los servicios de Tradia Telecom, filial del grupo Cellnex condecorada con la Cruz Blanca de la Guardia Civil.

---

60. En 2009, la policía vasca ya había firmado con el Centro Nacional de Coordinación Antiterrorista (CNCA) del Ministerio del Interior un protocolo de actuación.

61. Cabe recordar que la denominada «lucha contra la amenaza terrorista de ETA» está vinculada a 336 casos de torturas por parte de la policía vasca, según señala un informe elaborado por Instituto Vasco de Criminología y dirigido por el eminente antropólogo forense Paco Etxeberria. En mayo de 2016, el Instituto Pedro Arrupe de Derechos Humanos de la Universidad de Deusto entregó al Gobierno Vasco el «Informe sobre la injusticia padecida por el colectivo de ertzainas y sus familias a consecuencia de la amenaza de ETA (1990-2011)», según el cual ETA mató a 11 ertzainas y ejecutó 23 atentados contra la Ertzaintza.

La Ertzaintza tampoco es ajena a la militarización[62] de la seguridad europea y por ello ha tenido presencia activa a través de un stand en las ferias armamentistas Sicur, Milipol o Security Forum, con un coste de al menos 120.000 euros para el erario público en los últimos cuatro años[63].

---

62. Entre los primeros mandos de la policía vasca había varios militares del Ejército español que dirigieron la política de selección de los aspirantes a ertzainas y a profesores de las primeras promociones, así como la lucha antiterrorista de la Ertzaintza. Entre ellos figuraba el comandante Carlos Díaz Arcocha, de la décima promoción de la Academia General Militar de Zaragoza, quien había trabajado para el Cesid y fue capitán de la Legión en Sahara cuando intervino en la represión de una manifestación de independentistas saharauis, Intifada de Zemla, con resultado de varios muertos. Otro de los mandos de la Ertzaintza era el comandante José De Pablo Loizaga, de la tercera promoción de la Academia General Militar de Zaragoza y que estuvo destinado en Sahara. Su hijo, Juan José De Pablo, es el ertzaina condenado por el fallecimiento por impacto de goma del joven Iñigo Cabacas. Finalmente, cabe mencionar a otro mando, el capitán Juan García Oteiza, de la 22.ª promoción Academia de Zaragoza y que estuvo destinado en el Regimiento de Cazadores de Montaña Sicilia 67.

63. En la Feria Sicur del 2022, Josu Alonso, jefe de la Unidad de Brigada Móvil, impartió una conferencia bajo el epígrafe «Ertzaintza, compromiso con la innovación: algunos ejemplos de impacto», mientras que el responsable de la Unidad Central de Seguridad Privada de la Ertzaintza, Francisco Llaneza, intervino en un foro de debate sobre la digitalización de la seguridad. Entre los que no hemos citado en anteriores capítulos figuran: Ibatech en el área de laboratorios de investigación biológica, firmas como grupo Revenga y BICC Cables de Comunicaciones en materia de fibra óptica, Hisparasa en desactivación de explosivos, o el caso de las compañías Epicom y Gecomse en equipos de comunicaciones. En este contexto hay que mencionar el acuerdo firmado entre la compañía General Atomics y la firma armamentista vasca Sener, esta última a su vez contratista de la Ertzaintza, para comercializar el Predator B, un dron diseñado para transportar desde equipos de observación hasta misiles.

Como ya hemos descrito en los anteriores capítulos, varias firmas contratistas de la Ertzaintza lo son a su vez de la Guardia Civil, del Ministerio de Defensa o de los servicios secretos españoles[64]. Además, parte de la tecnología comprada por la Consejería de Seguridad cuenta con una etiqueta con el lema «probada en combate». Los efectos de la militarización de la Ertzaintza en el barrio bilbaíno de San Francisco han sido criticados en febrero de 2023 por SOS Racismo y en junio de 2021 vecinos de Mamariga acusaron a la policía vasca de militarizar ese barrio de Santurtzi.

Ciudades inteligentes, control continuo

El 3 de abril de 2021, las redes sociales se inundaron con vídeos en los que se veía a cientos de jóvenes con camisetas del Athletic de Bilbao volcando contenedores, quemándolos y enfrentándose a la Ertzaintza en las horas previas a la final de la Copa del Rey. «Con las normas vigen-

64. Entre los que no hemos citado en anteriores capítulos figuran: Ibatech en el área de laboratorios de investigación biológica, firmas como grupo Revenga y BICC Cables de Comunicaciones en materia de fibra óptica, Hisparasa en desactivación de explosivos, o el caso de las compañías Epicom y Gecomse en equipos de comunicaciones. En este contexto hay que mencionar el acuerdo firmado entre la compañía General Atomics y la firma armamentista vasca Sener, esta última a su vez contratista de la Ertzaintza, para comercializar el Predator B, un dron diseñado para transportar desde equipos de observación hasta misiles.

tes el Gobierno Vasco y la Ertzaintza no están facultados para intervenir en espacios públicos con miles de personas, no vivimos en un estado policial», declaró entonces el portavoz del Gobierno Vasco, Bingen Zupiria. No obstante, la policía vasca presume disponer de herramientas predictivas con tecnología de inteligencia artificial como el Real Time Evacuation o el Flex Control, puestas a prueba por primera vez en la historia en dos ciudades de la Comunidad Autónoma Vasca, caso de la entrega de premios MTV 2018 celebrada en Bilbao o los partidos de la Final Four de Baloncesto 2019 disputados en Gasteiz, respectivamente.

Real Time Evacuation, cuya demostración práctica contó con la participación de francotiradores, drones y software para control de manifestaciones y disturbios, se integra en un proyecto en el que colaboran la Ertzaintza, la firma israelí Railsec y Etra –esta última es la filial tecnológica del imperio empresarial de Florentino Pérez–. Por su parte, Flex Control, anunciado como un caso de éxito por parte de la fundación Vicomtech, es un sistema que permite acceder a todo tipo de contenidos como cámaras de vídeo, señales de audio o las cámaras de los dispositivos móviles de los agentes. Gracias a las grabaciones realizadas por el sistema se puede «visualizar en diferido la sesión completa con el fin de conocer los detalles».

En este marco de implementación de sistemas de control en grandes ciudades, la Ertzaintza participa en el proyecto S4AllCities, Smart Spaces Safety and Security for All Cities, financiado por el programa Horizon 2020 de la Comisión Europea. Se vende como una acción de innovación para ayudar a los operadores de las ciudades y a los servicios intervinientes en responder a las amenazas de seguridad.

El informe «Vigilancia masiva y control de la disidencia europea, vigilancia Hi-Tech en tiempos del Covid-19»[65] advierte que «el desarrollo de las ciudades para convertirlas en Smart Cities (ciudades inteligentes)» cuenta con «cientos de miles de sensores» por lo que «tecnologías de vigilancia y control desempeñan un papel clave». Hay que tener en cuenta que, según datos del 2018, la población de la Comunidad Autónoma Vasca era de 2.180.449 personas y buena parte de ellas residían en ciudades como Bilbao (350.184), Gasteiz (253.996), Donostia (188.240) y Barakaldo (101.486).

En un ejercicio práctico de la Ertzaintza en el marco de S4AllCities, coordinado en un Centro de Mando y Control en octubre del 2022, utilizaron, entre otras, herramientas para detección

---

65. Este informe ha sido publicado por la European Network of Corporate Observatories, el Observatoire des Multinationales, el Observatorio de Derechos Humanos y Empresas en el Mediterráneo (Novact y Suds) y Shoal Collective, con el apoyo financiero de la Open Society Foundation, el Instituto Catalán Internacional por la Paz y el Ayuntamiento de Barcelona.

de drones no autorizados, detección de paquetes sospechosos ante la probabilidad de que fueran un artefacto explosivo, así como la simulación del impacto de ataques indiscriminados con arma de fuego. Para este simulacro de ataque terrorista, realizado en una triatlón en Bilbao, también emplearon equipos de alertas para la detección de un ciberataque o de accesos de sospechosos no autorizados a un edificio o a una zona determinada, y probaron componentes como aplicaciones móviles y herramientas de simulación, imagen y gestión[66]. La Ertzaintza ha recibido ya 383.500 euros por participar en este proyecto europeo.

El libro *Metropolice. Seguridad y policía en la ciudad neoliberal* (Traficantes de Sueños, 2021) recoge, entre otros textos, una investigación del periodista Ekaitz Cancela sobre la implantación de «soluciones tecnológicas punitivas» que «han dejado de estar reducidas a la criminalización de los migrantes en las fronteras externas de los países, aplicándose también en el interior de los Estados, ahora contra las clases proletarias». Para Cancela estas responden al «recorte en el gasto público, delegando funciones tradicionales del

66. La Agenda Digital de Euskadi 2020 ya recogía que «distintas instituciones de Euskadi están desarrollando proyectos en colaboración, de forma que los municipios puedan enfrentarse a los desafíos de la sostenibilidad, escasez de recursos, seguridad, desempleo o participación mediante estrategias innovadoras para convertirse en ciudades inteligentes (Smart Cities)».

Estado en compañías privadas como Eurocop». Se trata de una empresa que se presenta ofreciendo «las mejores y más avanzadas soluciones y servicios que permiten a los Cuerpos de Seguridad, interpretar las múltiples dinámicas sociales, que confluyen en su territorio y perturban la convivencia y seguridad ciudadana», con herramientas tecnológicas «capaces de aumentar la capacidad predictiva, preventiva y operativa de los cuerpos y fuerzas de seguridad».

En este sentido, cabe añadir que la Unidad Precrimen de la Ertzaintza también se quiere implantar en pequeñas y medianas localidades, utilizando herramientas de inteligencia artificial en labores de coordinación con las policías locales. El «intercambio de datos entre policías locales usuarias del sistema Eurocop y el sistema vasco de seguridad pública» está en manos de Eurocop Security Systems, un servicio comprado por la Ertzaintza y por diversos ayuntamientos.

La citada firma dirige «Eurocop Pred-Crime»[67], un proyecto de «desarrollo experimental» para el «tratamiento de datos masivos vinculados a delitos y faltas ya cometidos, basado en el uso de modelos matemáticos y algoritmos, que permite la prevención y resolución de un crimen aún no producido». Una suerte de evolución del software

67. Este proyecto está financiado por la Acción Preparatoria para la Investigación en Seguridad de la UE (PASR).

predictivo Predpol basado en análisis Big Data y también del Crime Mapping, una herramienta con arquitectura GIS (Sistema de Información Geográfica) y representación cartográfica en tres dimensiones.

No son excepciones, más bien es una dinámica de control en ciudades y en grandes eventos en la que la Ertzaintza ha decidido implicarse de lleno. Otra prueba de ello es su participación en el proyecto europeo Appraise, con una subvención de 184.740 de los fondos públicos europeos para el Gobierno Vasco. Se trata de aplicar herramientas inteligentes para la protección de eventos, pruebas deportivas y espacios públicos. Es un programa que vigila de forma continua «las fuentes en línea y los sensores físicos para identificar posibles amenazas y mejorar las estrategias de protección».

Robocop Bulegoa y Unidad Precrimen

La utilización de la inteligencia artificial (IA) para la vigilancia y el control social se está convirtiendo en un fenómeno global, según un estudio de The Carnegie Endowment for International Peace (Fondo Carnegie para la Paz Internacional). La Academia Vasca de Policía realizó en 2020 unos cursos de formación denominados Robocop Bulegoa con el objetivo de formar a los agentes en la aplicación de nuevas tecnologías como la inteligencia artificial a la investigación policial. La Consejería de Seguridad no disimula su atracción por el autoritarismo policial del capitalismo que describió el cineasta Paul Verhoeven en la película *Robocop* en 1987.

El uso de herramientas como la inteligencia artificial y los algoritmos en la Ertzaintza, dirigido a la «vigilancia de la ciudadanía», también se quiere utilizar para la «valoración predictiva del comportamiento individual o colectivo». Está prevista la potenciación de la aplicación de algoritmos de inteligencia artificial, fabricados por empresas privadas, para la «detección de patrones de comportamiento anómalo» o «desviado», y la aplicación de políticas de comportamiento «aceptado». Ante esta declaración de intenciones, cabe reiterar la advertencia que hace el compañero Luis Miguel Barcenilla en *Hordago-El Salto*: «La Ertzaintza que viene evoluciona hacia la hipervigilancia algorítmica».

Basándose en «los últimos avances en el análisis de datos masivos, la inteligencia artificial y la visualización avanzada», el Departamento de Seguridad pretende «predecir e identificar delitos y actos de terrorismo». Se trataría de ofrecer «una solución de seguridad proactiva que permita clasificar grandes volúmenes de datos para predecir, anticipar y prevenir actividades delictivas». Esta metodología ha sido comparada con las «guerras preventivas» de Estados Unidos en Afganistán e

Irak, el modelo de seguridad pública en China o la lucha contra el yihadismo en el Estado español.

Estamos ante otro guiño de la Ertzaintza a la cinematografía sobre autoritarismo policial del capitalismo que en esta ocasión se acerca a la División de Precrimen, especializada en detener a sospechosos antes de la comisión del delito, descrita en el relato *Minority Report*, escrito por Philip K. Dick en 1956 y llevado a la gran pantalla en 2002 por el cineasta Steven Spielberg.

En este marco, la Ertzaintza ha preparado la evolución de la herramienta policial Baietz[68] dirigida a incluir algoritmos predictivos. Para implementar este tipo de inteligencia[69], la policía vasca incorporó «nuevos tipos de datos y fuentes de información internas y externas (productos de inteligencia estratégica y táctica, investigaciones, cámaras, internet y redes sociales, sensores/IoT, ...) explotados de manera integrada con técnicas de analítica avanzada (data mining, big data e inteligencia artificial)».

---

68. A través de Baietz, la Ertzaintza confeccionaba anualmente dos informes estratégicos: uno relacionado con personas menores infractoras y otro con pandillas juveniles. Con toda esta información, la Ertzaintza elaboraba y difundía el plan de acción policial específico para la implementación de medidas de corte preventivo y operativo sobre el fenómeno de las bandas juveniles.

69. Según reza el Plan Estratégico de Tecnologías de la Información y Comunicaciones para la Seguridad Pública de Euskadi 2021-2024, se trata de «un modelo Data-Driven, apoyado en el uso del dato y la Inteligencia Artificial».

Sobre la metodología predictiva conocemos más sus buenas intenciones que sus malos resultados. Pero la aparente infalibilidad de la tecnología predictiva de la Ertzaintza fue puesta en tela de juicio cuando la periodista Naiara Bellio desveló en *El Salto* «los sesgos con los extranjeros en el algoritmo de violencia de género de la Ertzaintza»[70]. Algunas víctimas de la violencia machista denuncian también errores graves en VioGén, el algoritmo del Sistema de Seguimiento Integral en los casos de violencia de género que evalúa el nivel de riesgo de cada denunciante. La Consejería de Seguridad del Gobierno Vasco participa desde principios del 2023 en la Mesa de Evaluación del Sistema

70. Las herramientas como la inteligencia artificial, frecuentemente hechas a la medida del hombre blanco de mediana edad, siguen teniendo un sesgo de género. «Estamos diseñando novísimos sistemas de conducción autónoma pensados casi exclusivamente por y para hombres blancos», opina Carol Reiley, pionera en el desarrollo de aplicaciones de conducción autónoma y cirugía robotizada. Reiley advierte que «el diseño sesgado, el mal diseño, es muy a menudo cuestión de vida o muerte». En sus años universitarios, en la década de 2000, ella misma desarrolló un prototipo de robot quirúrgico que recibía órdenes a través del sistema de reconocimiento de voz de Microsoft, por entonces puntero. «Por increíble que parezca, aquel sistema no reconocía mi voz, porque había sido diseñado por un equipo de hombres de entre 20 y 30 años y no era capaz de procesar el tono en general más agudo de las voces femeninas». Es decir, no era apto para el 51 % de los habitantes del planeta. Reiley añade: «Pero ahora piensen por un momento en un precario hospital de campaña en un lugar como Afganistán y en una doctora que pierde a un paciente que podría haberse salvado solo porque su avanzado sistema de cirugía telemática depende de una aplicación tan rudimentaria y, sí, tan sexista que solo reconoce voces masculinas».

VioGén[71]. Según un estudio preliminar, realizado en 2022 y cuya coautora es Ana Valdivia, investigadora especializada en policía predictiva en el Oxford Internet Institute y miembro de AlgoRace, en el rendimiento del algoritmo la tasa de error es del 53 %. De cada diez casos severos, cinco los está etiquetando mal. Esto significa que es más probable que la herramienta de evaluación clasifique los casos graves como no graves en esta puntuación, lo que podría implicar la subestimación de los casos[72].

El Gobierno Vasco presenta la inteligencia artificial como una de las «palancas tecnológicas

---

71. El vicelehendakari Josu Erkoreka, tras el asesinato machista ocurrido en Gasteiz el 28 de mayo del 2023, declaró que «no es fácil proteger a una víctima que no se percibe en peligro», y desencadenó multitud de críticas por parte del movimiento feminista y buena parte de la oposición en el Parlamento Vasco. Erkoreka decidió omitir que buena parte de los servicios públicos en torno a esta materia han sido privatizados. Un ejemplo de ello es el contrato de cerca de 300.000 euros para la «gestión de expedientes de violencia doméstica y de género de Euskadi», en manos de la firma privada Bilbomática, fundada por el empresario jeltzale Víctor Malpartida. Además, el contrato de más de 13 millones de euros para la «protección de personas para atender la seguridad de personas en situación de riesgo, principalmente para un colectivo de personas a proteger por motivaciones de violencia doméstica y de género» del Gobierno Vasco ha estado muchos años en manos de la empresa de seguridad privada Delta Seguridad.

72. A pesar de las críticas recibidas, el Plan Estratégico de Tecnologías de la Información y Comunicaciones para la Seguridad Pública de Euskadi 2021-2024 consiste en «mejorar la eficiencia en el desarrollo de las actividades de vigilancia y seguridad a través del desarrollo del Sistema Analítico de predicción de Incidentes» por parte de la Oficina Central de Inteligencia de la Ertzaintza desde el supercuartel de Erandio, una sede a la que en la jerga policial se conoce como «Ambiciones».

clave para enfrentar con las mayores garantías los retos de esta nueva década», como se puede leer en la Estrategia de Transformación Digital para Euskadi 2025. Está previsto que la Administración pública sea un laboratorio de pruebas de esta estrategia, que impulse «la digitalización de servicios públicos y la introducción de la inteligencia artificial en la articulación y ejecución de las políticas públicas». El plan menciona expresamente que «tecnologías como el blockchain o la inteligencia artificial deberán ser experimentadas para valorar su posible utilización en la gestión de los servicios públicos»[73].

De momento, el Gobierno Vasco reconoce que maneja el «*machine learning*» para «realizar perfilados de la demanda de empleo». Además, la ley 14/2022, de 22 de diciembre, del Sistema Vasco de Garantía de Ingresos y para la Inclusión, prevé en su artículo 86 la utilización de sistemas de inteligencia artificial. Otra variable relacionada con esta materia gira en torno a planes de inteligencia artificial en la sanidad. Por ejemplo, en Osakidetza ya está en marcha el «desarrollo, implantación y puesta en funcionamiento de algoritmos de inteligencia artificial en imagen médica para la ayuda al diagnóstico». Por último, el área de Vivienda del Gobierno Vasco utiliza «técnicas de computa-

73. Plan Estratégico de Gobernanza, Innovación Pública y Gobierno Digital 2030.

ción basadas en la aplicación de inteligencia artificial» en la «tramitación de las ayudas a la rehabilitación de edificios y viviendas». Sin embargo, según un estudio realizado por el propio Gobierno en marzo de 2022, en los últimos años han aumentado las personas que consideran negativo el impacto de la inteligencia artificial, del 27 % de 2020 al 35 % en 2022.

Pero mientras se ponen de manifiesto los efectos negativos de la implementación de nuevas tecnologías como la inteligencia artificial, el Gobierno Vasco sostiene que «los nuevos modelos de seguridad están evolucionando» hacia el empleo de «tecnologías basadas en la captación de datos de distintas fuentes, la recogida de imágenes de video con reconocimiento facial, el tratamiento inteligente de datos...» y estas herramientas «configuran un gran escenario para la combinación de las nuevas tecnologías digitales como la inteligencia artificial»[74].

El uso de este tipo de herramientas está generando diversas iniciativas políticas. Por un lado, el Parlamento Vasco se ha comprometido en la creación de un registro público de algoritmos usados por la Administración. Por otra parte, el Departamento de Gobernanza Pública y Autogobierno acaba de anunciar que trabajará en la «elaboración de un Manifiesto Ético del Dato para garantizar los principios éticos y los valores que

74. Estrategia para la Transformación Digital de Euskadi 2025.

guiarán la gestión y el uso» de las «tecnologías emergentes y la Inteligencia Artificial».

Hasta aquí hemos podido leer algunos ejes sobre el nuevo modelo de «Gobierno de la Seguridad» basado en la inteligencia artificial, los algoritmos y las herramientas predictivas; los sistemas de control de las comunicaciones, extracción de datos de teléfonos móviles e interceptación de señales de telefonía durante manifestaciones a través de equipos de fabricación israelí y británica; la evolución de las bases de datos de voces, rostros, huellas dactilares, ADN y fichas policiales con equipos de fabricación francesa y estadounidense; las últimas novedades en operaciones encubiertas con micrófonos para escuchas, cámaras ocultas y balizas para seguimientos de fabricación alemana e italiana; la nueva plataforma de videovigilancia a través de drones, helicópteros, *bodycams,* cámaras ocultas y cámaras inteligentes ubicadas en espacios públicos y privados; y su participación en proyectos de la seguridad europea con la industria privada del sector de la seguridad. Pero hay dos ejes importantes que nos quedan por tratar: Big Data y Ciberseguridad.

Los datos, nueva arma

La modernización de la Ertzaintza también se enmarca en la apuesta de las autoridades por el denominado modelo del Gobierno del Dato[75]; dicho de otra manera, las políticas que regularán cómo se recopilan, almacenan, procesan y eliminan los datos, así como quiénes pueden acceder a qué tipos de datos y cuáles de estos estarán sometidos al gobierno, bajo su control. En los nuevos campos de batalla virtuales, una clave para la victoria es la información. Los expertos en seguridad consideran que este nuevo escenario no solo provoca «una mayor necesidad de información», sino también incrementa la necesidad de «compartir y controlar de manera más eficaz el acceso» a la misma.

El fenómeno de la vigilancia masiva en el Gobierno del Dato del Departamento de Seguridad[76] requiere, por tanto, de datos, a través de bús-

---

75. La Agenda Digital de Euskadi 2020 se refiere a este modelo de Gobierno del Dato cuando señala que «la generación masiva de datos en formato electrónico por parte de las empresas y administraciones o fruto de la actividad en las redes hace que su explotación se convierta en una nueva oportunidad de generación de valor a través de tecnologías adecuadas». El «uso del big data para diseñar e implementar políticas públicas y optimizar los recursos» también se menciona en el Plan Estratégico de Gobernanza, Innovación Pública y Gobierno Digital 2030. Este plan afirma que «evolucionar hacia una administración con un modelo de gestión basado en el análisis de situaciones y toma de decisiones basadas en datos» «necesita inexorablemente de la creación y despliegue de herramientas como la inteligencia artificial que puede detectar patrones en conjuntos de datos muy complejos y dar sentido a los mismos».

76. Los datos recopilados en labores policiales son supervisados por el Centro de Operaciones de Seguridad del Sistema de Información Policial (COSSIP) y el Consejo Consultivo del Centro de Elaboración de Datos de la Policía de Euskadi (CCEDPE).

quedas en internet, interacciones en plataformas de redes sociales o comunicaciones a través de teléfonos. Para perfeccionar este proceder, la policía vasca participa en el programa de seguridad europeo Ingenious que entre sus actividades incluye el «rastreo de información en redes sociales». Incluso pretende invertir recursos provenientes de los fondos europeos en la «automatización de la escucha en redes sociales y otras fuentes abiertas»; es decir, un modelo de hipervigilancia constante a determinados perfiles en Twitter, Facebook o cualquier medio de comunicación digital.

Este modelo lleva incorporados unos sistemas específicos de análisis documental y de incorporación de información disponible en fuentes abiertas denominadas OSINT –este concepto implica la utilización de datos disponibles, no siempre de fácil acceso, para revelar información que alguien quiere mantener en secreto–. Así, las fuentes abiertas se clasifican en seis categorías: Internet (publicaciones en línea, blogs, foros, contenidos creados por usuarios, YouTube y otras plataformas de redes sociales donde se publica de forma abierta o semipública como Facebook, Twitter, Instagram, TikTok o Telegram); medios de comunicación (periódicos y revistas impresas, radio y televisión de todos los países); datos públicos gubernamentales (informes publicados por gobiernos, presupuestos, audiencias, directorios telefónicos, ruedas de prensa, sitios web oficiales y discursos políticos públicos); publicaciones profesionales y académicas (revistas científicas, conferencias, *papers*, trabajos académicos, disertaciones y tesis); datos comerciales (informes de sectores de la industria, evaluaciones financieras y bases de datos publicados por compañías); y literatura gris (actas de congresos, informes técnicos, informes de investigación, memorias, proyectos, patentes, normas, procedimientos, documentos de trabajo y *newsletters*). De todas estas fuentes recopila información el Departamento de Seguridad en el marco del Gobierno del Dato.

El periodista Mario Martínez advierte en *El País* que «las redes sociales como Twitter o Facebook, las búsquedas en Google o el historial de compras en Amazon se han convertido en una fuente inestimable de conocimiento que los bancos, empresas, gobiernos y partidos políticos utilizan para sus intereses, afinando cada vez más el tiro hacia los deseos y creencias de cada individuo, personalizando las campañas y llegando a conocernos mejor que nosotros mismos. Y nosotros les cedemos todo ese saber de manera gratuita». Añade que «el uso de datos masivos para la generación de conocimiento ha quedado en manos privadas o de gobiernos autoritarios». En esta línea, Cathy O'Neil, activista del movimiento Ocupy y autora del libro *Armas de destrucción matemática* (Capitán Swing, 2015) afirma que el «reinado del dato», «en una variedad de campos, desde los seguros hasta la publicidad, la educación y la vigilancia, el big data y los algoritmos pueden llevar a decisiones que perjudican a los pobres, refuerzan el racismo y amplifican la desigualdad», ya que las mencionadas herramientas tecnológicas «comparten tres características clave: son opacas, escalables e injustas».

Como estamos comprobando, nos hallamos ante un nuevo ciclo, tras la desarticulación del modelo de «policía cartero» y del todavía vigente de «policía bombero», hacia un «policía digital». En esta transformación hacia la *Ertzaintza 2.0*, la iniciativa denominada Plan de Digitalización del Sistema de Inteligencia de la Ertzaintza (PDSIE) conlleva «innovaciones en el sistema de información policial» al «modernizar las herramientas disponibles, adecuándolas a las nuevas necesidades»[77]. Para ello se van a captar recursos públicos del Programa Vasco de Recuperación y Resiliencia 2021-2026, Euskadi Next, concretamente 11,5 millones. El plan busca «instaurar un nuevo modelo basado en el análisis avanzado y geoespacial, junto con capacidades de inteligencia artificial para procesar los datos recogidos y almacenados, que posibilite la predicción de la evolución del comportamiento delictivo»[78].

77. Plan Estratégico de Gobernanza, Innovación Pública y Gobierno Digital 2030, también denominado ARDATZ.

78. En este contexto de digitalización, el consejero de Seguridad, Josu Erkoreka, augura que «la eclosión de la cibercriminalidad» es «inexorable e irreversible», y hace hincapié en el «preocupante» aumento de

Gobierno de la Ciberseguridad

El Gobierno del Dato en la Comunidad Autónoma Vasca viene acompañado del Gobierno de la Ciberseguridad. Por ello, hay preparada una respuesta frente a incidentes de ciberseguridad. Se trata de un Plan de Acción de la Ertzaintza en la persecución del cibercrimen. Este plan fue encargado a la ya mencionada Teknei Consulting. Cabe recordar de nuevo que el CEO del grupo Teknei, Joseba Lekube, preside la representación del PNV en México. Además, añadiremos ahora dos datos más: por un lado, Joanes Labayen también forma parte de la cúpula del grupo, en la que ejerce como secretario; por otro lado, Julián Flórez llegó a ser apoderado de una firma del grupo.

Para cerrar la cuadratura del círculo, Teknei, investigada por la Autoridad Vasca de la Competencia por formar parte de un cártel que se habría repartido contratos de la Sociedad Informática

---

los delitos a través de internet, cuyo «ritmo de crecimiento en poco tiempo podría llegar a alcanzar una dimensión francamente relevante». En 2016, cuando la Fiscalía de Euskadi pidió explicaciones por el «caos» en la Unidad de Investigación de la Ertzaintza, trascendió que la inmensa mayoría de los delitos denunciados no se habían resuelto. Según la Memoria de Fiscalía General del Estado del año 2022, «solo el 1 % de los 4.700 ciberdelitos que se denuncian al año en Gipuzkoa se esclarecen». Sin embargo, pese a la insistencia de la mayoría de las fuerzas parlamentarias, sigue negándose a fortalecer las precarias unidades de la Ertzaintza que investigan delitos con costes millonarios para las arcas públicas, como los de corrupción política, fraude y erosión fiscal, o delitos contra el medioambiente, cometidos en su mayoría por la casta local e internacional.

del Gobierno Vasco (EJIE), lidera el Atlantic Data Infrastructure (ADI), un centro dirigido por Alex Etxeberria, exdirector general de EJIE[79].

Desde el verano de 2023, la nueva Agencia de Ciberseguridad, Cyberzaintza, dependiente de la Ertzaintza, ha asumido el mando del Basque CyberSecurity Centre (BCSC)[80], el centro creado en 2017 por el Departamento de Desarrollo Económico para «dinamizar la actividad económica relacionada con la aplicación de la ciberseguridad»[81]. Entre las funciones de Cyberzaintza figuran la identificación y vigilancia de «los servicios públicos críticos y esenciales», junto al apoyo e impulso de «la capacitación en materia de ciberseguri-

79. El anterior director de EJIE, Agustín Elizegi, fue responsable de sistemas de información del área de planificación de la Unidad Técnica Auxiliar de la Policía (UTAP), dependiente de la Ertzaintza, en la que fue recolocado como jefe de compras Javier Aguirre, uno de los ertzainas condenados por las escuchas ilegales al exlehendakari Carlos Garaikoetxea, y en la que en la actualidad ocupa un cargo la esposa del lehendakari, Lucía Arieta-Araunabeña. Antes de ser cargo público, Elizegi había trabajado para el grupo Versia, contratista de EJIE, de la Ertzaintza y de servicios para el Basque Cybersecurity Centre.

80. La red estatal de equipos de respuesta a incidentes de ciberseguridad denominada Computer Security Incident Response Team, CSIRT, trabaja con el Basque CyberSecurity Centre (BCSC). Hasta la creación de la nueva agencia de ciberseguridad denominada Cyberzaintza, el BCSC ha estado subordinado a la Sección Central de Delitos de Tecnologías de la Información (SCDTI) de la Ertzaintza.

81. El Plan General de Seguridad Pública de Euskadi 2020-2025 ya contemplaba que la Ertzaintza, junto al Basque Cibersecurity Center (BCSC), iba a «definir políticas preventivas y de respuesta ante incidentes de ciberseguridad, formando un grupo de actuación de máximo nivel para investigar los incidentes críticos».

dad y desarrollo digital seguro a empresas y sectores esenciales de Euskadi como son la sanidad, las emergencias, la seguridad, los servicios sociales, la educación, el transporte, etc.». Cyberzaintza, con un presupuesto de dos millones de euros para su creación, se constituyó para «combatir, de una manera integral y transversal, las amenazas derivadas del uso de internet y las nuevas tecnologías en Euskadi»[82]. Ubicada en la sede del Basque Cybersecurity Centre, entidad que le cederá su personal e instalaciones, opera «en tres frentes»: ciberdelincuencia; protección de infraestructuras (críticas y sensibles) y datos públicos; y protección de infraestructuras y datos empresariales.

En el campo de la ciberseguridad merece recordar otra puerta giratoria, en este caso protagoni-

---

82. Poco antes de la puesta en marcha de Cyberzaintza, el Gobierno Vasco organizó el seminario «Espacios de colaboración público-privada en la Seguridad Integral» con el objetivo de abordar los desafíos y tendencias de ciberseguridad actuales y promover la protección de infraestructuras sensibles de Euskadi. El Departamento de Seguridad ha asumido el mando para «la generación de un sistema preventivo de protección de infraestructuras sensibles ante incidentes de ciberseguridad». La propia Oficina de Inteligencia de la policía vasca nació en 2013 para combatir «el cibercrimen, las grandes bandas organizadas y el yihadismo». Un experto vasco en materia de ciberseguridad, Joxean Koret, afirma que «no es nada conspiranoico» reconocer que el modus operandi de las agencias de inteligencia suele ser el espionaje masivo, para acumular toda la información posible «para después poder buscar entre los datos que tienen recopilados una vez que una persona o grupo, por el motivo que sea, se vuelve interesante para una agencia». Según Koret, el espionaje preventivo debería preocupar a «periodistas, disidentes políticos y grupos de derechos humanos, entre otros muchos».

zada por Miguel Ángel Guergué, quien ostentó cargos de diversos grados de responsabilidad en la Unidad de Información y Análisis de la Ertzaintza, ahora fagotizada por la Oficina Central de Inteligencia. En la actualidad ejerce de socio fundador y director de Osane, una consultora de ciberseguridad, ciberinteligencia y contraespionaje industrial que trabaja para el Gobierno Vasco vigilando que en las ofertas públicas de empleo de Osakidetza los aspirantes no utilicen dispositivos tecnológicos ocultos. Además, Guergué[83] es director de seguridad corporativa en Zerolynx, un grupo especializado en ciberseguridad e inteligencia que trabaja para el Ministerio del Interior español en una filial de la ferroviaria CAF Beasain que ha conseguido un contrato en Israel. Miguel Ángel Guergué también fue directivo de la firma PCI Security Doctors, pionera del sector de la ciberseguridad[84] y por cuyos contratos con la

83. Joseba Alustiza, exdirector de seguridad de PCI Security Doctors junto a Miguel Ángel Guergué, ejerce de responsable del área de Consultoría y Recursos Generales de la compañía de ciberseguridad Encriptia, contratista del Gobierno Vasco en materia de medidas de seguridad para centros penitenciarios.

84. Fundada en 2004 para acabar con los robos dentro de las empresas energéticas, entre los cometidos de PCI, ya extinguida, también se encontraba poner coto a la fuga de información industrial mediante la técnica de contraespionaje y proteger los intereses de los grandes empresarios patrios, tanto en su expansión por el Estado como fuera de sus fronteras. PCI Security Doctors era una firma de inteligencia pensada para acompañar la estrategia de internacionalización vasca y especializada en el contraespionaje industrial y la ciberseguridad. Entre sus cometidos también se encontraba poner coto a la fuga

Administración pública que se interesó en 2010 la comisión de investigación política del Parlamento Vasco que redactó el informe sobre la trama de comisiones ilegales del 4 % urdida por burukides del PNV, denominada «caso De Miguel». Varios excargos públicos terminaron siendo condenados en 2019 por su participación en la trama.

Hace cinco años, en 2017, la entonces consejera de Seguridad, Estefanía Beltrán de Heredia, afirmó que «con la extensión de la industria 4.0, las empresas vascas son carne de cañón para el espionaje industrial». Meses antes, se había declarado el concurso de acreedores de la firma PCI Security Doctors, en su día encabezada por antiguos altos cargos de la Ertzaintza y exprofesionales de diversos cuerpos policiales que desarrollaron su carrera profesional en países avanzados en el ámbito de la seguridad privada, como Israel.

---

de información industrial mediante la técnica de contraespionaje y proteger las propiedades de los grandes empresarios. La firma puso en circulación un «mecanismo de vigilancia externo» en forma de micrófono o grabadora de minúsculo tamaño. Una de las tareas de PCI consistía en identificar cables, micrófonos y microcámaras de carácter sospechoso, controlar documentos confidenciales a través de dispositivos y vigilar la transmisión de las comunicaciones. Entre sus servicios figuraba el rastreo minucioso de las oficinas y vigilar la transmisión de comunicaciones en oficinas, sensores de presencia que activan el grabado de la estancia analizada, un medidor de cable que rastrea las líneas telefónicas para controlar su interceptación y un detector de vídeo con un software específico que permite grabar el interior del despacho en el horario elegido, optimizando el tiempo de su vigilancia. También resguardaba los cableados de cobre y los productos tecnológicos de gran valor ubicados en huertas solares, alejadas de núcleos urbanos.

De los fundadores y administradores de PCI Security Doctors destacan Jon Uriarte y Miguel Ángel Guergué, ambos exaltos cargos de la Ertzaintza. Mientras que el propio Uriarte llegó a ser director de la Ertzaintza para luego ostentar el cargo de director de la Administración de Justicia en el Gobierno Vasco, Guergué fue responsable de la Jefatura Central de Seguridad Institucional en la Ertzaintza y director de seguridad en Osakidetza.

Estas son las puertas giratorias y relaciones clientelares que explican por qué razón PCI Security Doctors intentó liderar la seguridad en el sector de la salud y fue una notable adjudicataria de servicios de seguridad en Osakidetza[85]. Los contratos del servicio público adjudicados entre 2010 y 2015 a PCI Security Doctors para un servicio de control y gestión de seguridad integral en Osakidetza y labores de seguridad en los hospitales de Txagorritxu y Santiago, en Gasteiz, el hospital Alfredo Espinosa, en Urduliz, y el Centro de Salud de Mungia suman más de 500.000 euros. Las ayudas públicas recibidas por PCI ascienden a más de 53.000 euros.

85. Otra importante contratista de Osakidetza y de la Ertzaintza es la empresa de seguridad privada Integral de Vigilancia y Control, dirigida por el exburukide Josu Olazaran, antiguo asesor de la Consejería de Interior del Gobierno Vasco. Asimismo, en este marco de puertas giratorias cabe mencionar a José Luis Loroño, exjefe territorial de la Ertzaintza, pionero en la incursión en el sector de la seguridad privada como presidente de la Asociación Vasca de Directores de Seguridad y fundador de la firma Gabinete de Expertos en Seguridad.

La creación de PCI Security Doctors tenía como principal objetivo proteger a los empresarios que habían sobrevivido a la competencia internacional. Un millonario vasco de la lista Forbes, Joseba Grajales, le encargó la protección de sus «huertas solares» y varios servicios de contraespionaje industrial. De hecho, si esta consultora echó a andar, fue gracias a «alianzas estratégicas» con Guascor y Gamesa, ambas vinculadas entonces a este «emprendedor empresarial»[86]. En la actualidad, Grajales dirige la compañía sanitaria Keralty con la inestimable ayuda de los exconsejeros de Salud del Gobierno Vasco Jon Azua y Jon Darpón, los exviceconsejeros de Sanidad José Andrés Gorricho y Fátima Ansotegui, y la exdirectora de calidad de Osakidetza María Teresa Bacigalupe.

---

86. En menos de siete años, PCI Security Doctors se había hecho con la seguridad de una docena de «huertas solares». Con una plantilla de 35 personas, PCI Security Doctors había cerrado el año anterior con una cifra de negocio de cinco millones de euros, aunque los dos siguientes fueron sus años de mayor bonanza, con más de 2,5 millones en ingresos anuales. A medida que los negocios de Joseba Grajales se fueron expandiendo al exterior, PCI Security Doctors inició un proceso de internacionalización a países como Ecuador, Perú, Alemania, Italia, Chequia, Marruecos, Mauritania y Guinea Ecuatorial. También abrió oficinas en Ecuador y Perú, países en los que iba a operar la compañía Fenix Oil&Gas, dirigida por el millonario Joseba Grajales y el exvicelehendakari Jon Azua, a su vez interesado en hacer negocios en Qatar.

7

Génesis de la tecnificación y actualización del aparato represivo

Proyecto Ainhoa

Aunque el último plan de modernización de la Ertzaintza comenzó con un documento de reflexión elaborado en 2013, hay que referirse al «proyecto Ainhoa» –sistema de telecomunicaciones puesto en marcha a principios de la década de los 90– para buscar los orígenes de la obsesión por comprar, a toda costa, última tecnología de fabricantes extranjeros.

El último informe sobre la sociedad digital en el Estado español señala que la Comunidad Autónoma Vasca está a la cabeza del proceso de digitalización de la sociedad, con unos indicadores de conectividad y frecuencia de uso de internet por encima de la media. En concreto, en 2022, el 96,3 % de las viviendas de la Comunidad Autónoma Vasca tenían acceso a internet y este territorio se encontraba hasta 6,6 puntos por encima de la media de la Unión Europea. Pero ya en 1990 ocupaba la tercera posición en el ranking de las TIC (Tecnologías de la Información y la Comunicación) en el Estado español. Entre los factores que impulsaron ese liderazgo estaba el «proyecto Ainhoa», uno de los mayores proyectos de telecomunicaciones a nivel europeo, iniciado por la Ertzaintza en la década de los 80. Ainhoa tenía las características de un sistema de telefonía móvil, integrado en la red oficial de comunicaciones del departamento de Interior del Gobierno Vasco.

En su génesis, el proyecto Ainhoa se apoyó en la compañía pública que ostentaba el monopolio estatal, Telefónica[87]. En 1982, el Gobierno Vasco adjudicó a su filial, Telefónica Hispano Radio

87. En el libro *Utopías digitales. Imaginar el fin del capitalismo*, de Ekaitz Cancela (Verso Libros, 2023), se menciona la relación de Telefónica con «el mayor cable submarino del mundo en cuanto a capacidad (160 Tbps)», denominado Marea y conectado al oasis vasco. Este cable transporta información desde la playa de Sopelana hasta las cercanías de Virginia Beach. Explica Cancela que «esta infraestructura se extiende 6.600 kilómetros por el océano y es propiedad de Microsoft y Facebook, aunque fue construida y operada por Telxius, una subsidiaria de la compañía española de telecomunicaciones Telefónica». Otro ejemplo sobre esta «tecnodominación colonial» es, en palabras de Cancela, «el cable submarino Grace Hopper, en manos de Google, que también fue amarrado a la estación de Telxius en la misma playa de la costa vizcaína en septiembre de 2021. Desde allí, este sistema se conecta a los recursos e infraestructuras que ofrece el Hub de Comunicaciones de Derio, un lugar desde el que clientes (principalmente, empresas) y usuarios pueden acceder a los servicios en la nube de Google, así como disponer de capacidad computacional e informática de alta calidad». Concluye señalando que «la localización de estos cables, en el corredor Cantábrico, coloca al territorio vasco en una posición única para conectar al resto de Europa con las infraestructuras de Estados Unidos».

Marítima (HRM), la ampliación de la red de telecomunicaciones de la recién creada policía vasca. La resolución puso como condición que la fabricación de los equipos corriera a cargo de una empresa ubicada en la Comunidad Autónoma Vasca, Radio Industria Bilbaína (RIB), filial de HRM y proveedora de equipos para la Ertzaintza por valor de 1,7 millones de euros durante 1984.

Tras pasar por manos del grupo español Amper, Radio Industria Bilbaína terminó siendo adquirida por Siemens, la multinacional que había suministrado a la Ertzaintza la equipación necesaria para instalar su primer sistema de monitorización telefónica, un contrato por alrededor de 200.000 euros. Precisamente Amper ejerció de socio local de la multinacional Motorola para hacerse con su primer contrato de seis millones de euros para contribuir a la red de telecomunicaciones de la Ertzaintza. Amper fichó como consejero a Ignacio López del Hierro, casado desde 2009 con la exministra de Defensa María Dolores de Cospedal. Con López del Hierro de consejero de Amper, esta firma continuó logrando más contratos con la Ertzaintza.

Para seguir con la cadena de favores, Siemens saldría más tarde al rescate de la una de las joyas de la corona de la industria vasca, Gamesa[88], fun-

---

88. Gamesa participó en la fabricación del helicóptero Apache de la multinacional estadounidense Boeing, del carro de combate europeo Leopard y del helicóptero militar Sikorsky de la US Navy.

dada por el millonario vasco Joseba Grajales, ahora socio del exconsejero de Industria que lo mimó con ayudas públicas, Jon Azua. Tras la fusión de sus divisiones eólicas en 2017, ficharon como director financiero a David Mesonero, casado con una hija de Ignacio Sánchez Galán, presidente de Iberdrola[89], la eléctrica que en 1990 había pasado a ser accionista de Gamesa. En la actualidad, tras deslocalizar el centro de toma de decisiones, Siemens Gamesa ha entrado en caída libre.

A cambio de su contribución a la red de telecomunicaciones de la Ertzaintza, otra multinacional, en este caso Ericsson, recibió entre 1995 y 1999 un total de 9,7 millones de euros del Gobierno Vasco para subvencionar diferentes proyectos en su única planta en el Estado español, ubicada Zamudio y cerrada en 2003.

A comienzos de los años 90, la Ertzaintza ya había invertido al menos 3.000 millones de las antiguas pesetas en la red de telecomunicaciones, denominada Ainhoa. La cifra equivale, por ejemplo, a la inversión del Gobierno español en 1999 para la limpieza de la ría de Bilbao y de cuatro afluentes.

En el desarrollo de la red colaboraron otras multinacionales como IBM. La propia red Zutabe

---

89. Otro millonario vasco, Juan Luis Arregui, fundador de Gamesa, llegó a ser vicepresidente de Iberdrola, otra de las grandes beneficiadas por la política fiscal de Euskadi.

de la Ertzaintza, plataforma informática creada en 1996 para registrar las emergencias, las intervenciones y actuaciones policiales, así como las reseñas de los detenidos, «es una adaptación de un paquete americano "Tiburón", basado en arquitectura mainframe de IBM, con monitor de teleproceso CICS, ficheros VSAM y base de datos DB2», según información remitida al Parlamento Vasco por la Consejería de Seguridad. IBM sigue siendo el mayor contratista en volumen de negocio de la Ertzaintza en el área de hardware y software. De esta compañía fue directivo el exconsejero de Sanidad del Gobierno Vasco José Javier Aguirre y en IBM también se formó el director de Infraestructuras, Recursos y Tecnologías Alfredo Ruiz. Recientemente, la Administración pública vasca ha gastado 54 millones en dos contratos para conectarse desde Bilbao y Donostia a un ordenador cuántico de IBM.

Pero no todo el pastel fue para los gigantes extranjeros, también se repartió entre caciques locales. Ya en la década de 1990, una de las grandes beneficiadas fue la empresa vasca de comunicaciones Indelec, presidida por Jesús Javier Aguirre, exconsejero de Sanidad del Gobierno Vasco. Además, parte de los contratos licitados en torno a la red de telecomunicaciones de la Ertzaintza fueron adjudicados a Korosti, empresa administrada por otro exconsejero de Sanidad, Ángel Larrañaga. Algunos contratos para el proyecto Ainhoa los firmó el encargado de la gestión económico-financiera de la Ertzaintza, el entonces viceconsejero Sabino Arrieta, en la actualidad millonario, que protagoniza operaciones inmobiliarias de récord en Miami.

Durante los siguientes años, la red incorporó sistemas de codificación como la secrafonía, una técnica que, mediante diferentes algoritmos, cifra los mensajes de voz y datos antes de su transmisión para evitar su escucha. En esta etapa de evolución de Ainhoa participaron contratistas del grupo IBV (alianza entre Iberdrola y BBVA) como Teltronic, Rymsa, Keon, Payma, Softec o Landata. A su vez también incorporaron equipos de cifrado, fabricados por la firma Crypto AG, controlada por la CIA[90], y equipación de Thales UK Limited, la compañía británica que lideró la creación del consorcio «Seguridad Europea: Amenazas, Respuestas y Tecnologías Relevantes». Esta última relación se ha mantenido en el tiempo, hasta el punto de que la policía vasca forma parte del proyecto europeo Uncover, planteado para la detección de técnicas empleadas por delincuentes y terroristas para transmitir mensajes ocultos, en el que parti-

---

90. Los sistemas informáticos de la Ertzaintza también cuentan con software de la compañía Red Hat, contratista de la Agencia de Seguridad Nacional estadounidense que fue mencionada en una filtración de WikiLeaks en torno a programas de espionaje de la CIA. Además, la red de telecomunicaciones de la policía vasca tiene equipos del fabricante estadounidense Tellabs, a su vez contratista del Ejército estadounidense.

cipa Thales[91], el gigante de la seguridad europea al que financia el BBVA.

Los presupuestos del Gobierno Vasco para el año 2023 mencionan que el Departamento de Seguridad implantará planes y programas de tecnologías de la información y telecomunicaciones[92] como el proyecto Berritu: Evolución Tecnológica de los Sistemas Informáticos del Departamento de Seguridad. La firma vasca Ibermática[93] es una de las coordinadoras del proyecto Berritu (que significa *renovar*), también encargada del mantenimiento de antigua red Zutabe de la Ertzaintza, denominada ahora Euskarri[94]. Ibermática estuvo presidida

---

91. Thales ha suministrado al aeropuerto de Madrid tecnología de reconocimiento facial mediante un sistema biométrico llamado FRP (Face Recognition Platform). La plataforma de software de Thales LFIS (Live Face Identification System) ha sido instalada en los controles fronterizos de Melilla y Ceuta. El dron Watchkeeper WK 450, diseñado por Thales, ha llegado a ser utilizado por el ejército británico en una operación de vigilancia de las fronteras británicas y francesas.

92. También menciona el Plan Director de Seguridad Informática del Departamento de Seguridad, políticas de Ciberseguridad en los sistemas informáticos del Departamento de Seguridad y planes integrales de salvaguarda de las infraestructuras sensibles, sean públicas o privadas.

93. Esta consultora también ha estado a cargo del mantenimiento del sistema de información de la Ertzaintza, así como de la aplicación policial Aurrera.

94. Euskarri sustituye a Zutabe como el nuevo «sistema de gestión incidental y de recursos en la Ertzaintza». Se trata de «un sistema tecnológicamente renovado, que le va a permitir evolucionar más aún hacia una aplicación integral de gestión y soporte de la acción preventiva e incidental que, asimismo, posibilite centros de mando, control, coordinación y gestión con pleno conocimiento de la situa-

entre los años 1995 y 2013 por el jeltzale José Luis Larrea, exconsejero de Hacienda del Gobierno Vasco. En la firma se formó, antes de comenzar a escalar posiciones en la Administración pública, Aitor Lete, director de coordinación de la Consejería de Seguridad entre octubre del 2020 y julio del 2023 y jefe de área de Desarrollo y Aplicaciones de la Ertzaintza entre 2018 y 2020. Como diría el compañero Ekaitz Cancela, el arte del PNV consiste en hacer que lo viejo parezca nuevo.

Hay cosas que no cambian; otras sí, tal vez a peor. El libro *¿Cipayos? Policía vasca o brazo armado del PNV*, escrito por Joxean Agirre en 2007 y publicado por Txalaparta, menciona que fue un consejero de Interior, Juan Mari Atutxa[95], quien «deslumbrado por la quincalla tecnológica», ordenó «comprar todo aquello que figuraba como de «última generación» en los catálogos que caían en sus manos». Añade Agirre que «en ese frenesí, lo mismo se adquirían alfileres-micrófono que cámaras portátiles, siempre con la obsesiva pretensión

---

ción y capacidad de mando efectivo». El Sistema Vasco de Emergencias, SOS Deiak, Emergencias de Osakidetza, los servicios de bomberos de la CAPV, así como el Centro de Gestión de Tráfico de Euskadi también están coordinados mediante los servicios de Euskarri.

95. Juan Mari Atutxa encargó a la productora de televisión Baleuko la edición de algunos vídeos que utilizó para justificar ante el Parlamento Vasco varias actuaciones de la Ertzaintza. El fundador de aquella productora, Eduardo Barinaga, terminó siendo nombrado director de la televisión pública vasca, ETB, y más recientemente ha sido fichado por el PNV como candidato a la alcaldía del municipio de Labastida.

de registrarlo todo». El autor continúa afirmando que «las calles se llenaron de cámaras de grabación, los sistemas de escucha ilegal se extendieron a todas las áreas de la administración, en todas las manifestaciones se convirtió en habitual la figura del "ertzaina cameraman", y para salir de cualquier atolladero, el departamento recurría a los videos».

Joxean Agirre considera que otro consejero de Interior, Javier Balza, heredó «esta atracción por lo sofisticado». Prueba de ello es para el autor que «Interior adquirió en el 2005 un equipo de reconocimiento facial que permite identificar los rostros de sospechosos entre imágenes de personas asistentes a un evento o almacenadas en un banco de datos». Se refiere al sistema Face Explorer, el software que, según Agirre, «compara las imágenes de sospechosos con imágenes que se pueden conseguir en lugares de interés policial, por cámaras digitales colocadas en espacios públicos o privados o por imágenes tomadas por los propios ertzainas». El «frenético control social impulsado por los responsables de la Ertzaintza» habría puesto «a disposición de sus especialistas tecnología punta en materia de ADN o de reconocimiento de voces», concluye Agirre.

Más munición, «menos metal»

En palabras de Luis Miguel Barcenilla, «el autoritarismo, la militarización del espacio público o el considerable incremento del gasto público en seguridad en detrimento de servicios básicos aparecen cuando la reforma neoliberal permanente de las instituciones se topa con una crisis de legitimidad y es necesario hacer uso de toda la fuerza a su disposición». Aunque el Gobierno Vasco apuesta por la vigilancia *hi-tech*, eso no significa que vaya a desmontar la antigua maquinaria represiva provista de coches camuflados, furgonetas antidisturbios o munición. De hecho, otro de los retos a los que se enfrenta la denominada «modernización de la policía vasca» consiste en renovar su antigua maquinaria de represión.

La Ertzaintza que viene compatibiliza la adquisición de nuevas tecnologías con el aprovisionamiento de su búnker. Es más, el Gobierno Vasco pretende que todas las policías locales incorporen a su indumentaria de «batutas» y «grillos», porras y esposas, también los «hierros», las pistolas. La última partida de munición, con fecha de 5 de abril de 2022 y un coste de 878.460 euros, tiene como objetivo obtener munición 9 mm Parabellum procedente de la firma Omena Techonologies, representante española de Companhia Brasileira de Cartutchos (CBC). Se trata de una firma que detenta el monopolio en Brasil y cuyos dirigentes fueron invitados especiales en la toma de posesión de Bolsonaro, tras haber defendido su campaña electoral a la presidencia.

Otra representante de Companhia Brasileira de Cartutchos, que además es contratista del Ejército español, la firma vizcaína Ardesa, también ha sido proveedora de munición para la Ertzaintza. Ardesa presume de tener una «producción anual que alcanza las 60.000-70.000 armas al año» con una «cuota de exportación del 95 %». En ocasiones Ardesa compartió lotes de contratos del Gobierno Vasco con la guipuzcoana Asaey, habitual proveedora de munición 9 mm Parabellum para la policía autonómica y «dedicada en un 90 % a equipamiento militar». En anteriores décadas, el proveedor de munición para la Ertzaintza había sido Beretta Benelli Ibérica, con una fábrica en Araba. El contratista de material antidisturbios para la Ertzaintza era Falken.

La Ertzaintza ya no prueba su munición con cabras vivas, como ocurría en los años noventa. Pese a las quejas de sindicatos corporativos como Esan y ErNE, tampoco pueden usar pelotas de goma, ni sprays lacrimógenos. Entre el material comprendido como menos letal por parte de la Ertzaintza figura una de sus últimas compras: granadas aturdidoras (también conocidas como granadas cegadoras y ensordecedoras, por el destello y estruendo causado en su degradación) adquiridas a la firma Falken, proveedora habitual de sprays lacrimógenos para las Fuerzas de Seguridad del Estado y propiedad de la familia del diputado del PP (1997-2008) Ismael Bardisa. En esta línea también ha comprado un lote de 16 «dispositivos eléctricos incapacitantes», un eufemismo para referirse a las pistolas Taser. El coste del contrato, fechado en marzo de 2023, asciende a 90.266 euros y ha sido adjudicado a Telefónica.

Desde el fallecimiento por impacto de pelota de goma de la Ertzaintza del joven Iñigo Cabacas el 9 de abril de 2012, la Ertzaintza ha adquirido suministros de munición por un valor total de hasta 6,1 millones de euros hasta finales de 2022. Se trata de proyectiles de foam de «40 mm menos letales» (sustituto de las pelotas de goma), munición «de baja penetración», «cartuchería 12x70», «munición calibre 6,56 y 7,62» o «9 mm Parabellum» «blindado», «semiblindado» y «no tóxico».

Las pelotas de goma no son las únicas dotaciones letales que ha empleado la Ertzaintza, ni Cabacas el único fallecido por impacto de pelota de goma. Meses después de dictarse la sentencia sobre la muerte de Juan Calvo, fallecido en dependencias policiales tras haber sido rociado con sprays lacrimógenos por varios ertzainas, el 30 de junio de 1994 falleció Rosa Zarra. En opinión del médico Alex Elosegi, del servicio de nefrología del Hospital Donostia, era lógico pensar que la causa de su muerte fue un pelotazo de la Ertzaintza que había recibido días antes. Posteriormente, durante una carga de la Ertzaintza, falleció por ataque al corazón Imanol Lertxundi, el 9 de febrero de 1995, y en circunstancias parecidas murieron Kontxi Sanchiz en 2004 y Remy Ayestaran en 2009. En ninguno de estos cuatro casos se condenó a ningún ertzaina.

El libro *Gasear, mutilar, someter*, de Paul Rocher (Katakrak, 2021), señala que «la utilización de balas de goma, gases lacrimógenos, granadas aturdidoras o pistolas eléctricas en protestas civiles, celebraciones futbolísticas, o la frontera, no para de crecer». Según datos oficiales, desde 1978, Guardia Civil, Policía Nacional, Ertzaintza y Mossos d'Esquadra han matado a 24 personas y han dejado heridas graves a otras 44. Pese a todos estos hechos, para el jefe de la Ertzaintza, Josu Bujanda, «en materia de coerción», el modelo de la Ertzaintza sería «de los más avanzados de Europa en el respeto de los Derechos Humanos».

Por otra parte, la Ertzaintza tiene previsto gastar 57.142 euros por cada «K» (coche camuflado) y ha pagado ya 75.329 por cada nueva «francia» (furgoneta antidisturbios). Aunque el contrato de adquisición de nuevas furgonetas estaba previsto para los años 2021 y 2022, estos vehículos llegaron en marzo de 2023 para estar disponibles durante el Tour de Francia. La compra de 53 furgonetas antidisturbios ha costado 3,9 millones. Son vehículos Mercedes-Benz Sprinter 315 CDI, con cristales tintados y unas protecciones exteriores en la parte delantera, adquiridos a Technology and Security Developments, relacionada con la carrera empresarial del actual director de la Policía española, Francisco Pardo, exsecretario de Estado de Defensa.

El alquiler de 560 coches camuflados cuenta con un presupuesto de 31,9 millones. De estos

«K», 534 serán «vehículos híbridos» para unidades tales como Seguridad Ciudadana y «labores de investigación». El resto de unidades, Mild Hibrid, están destinadas a Unidades Centrales de Investigación especializadas en el «seguimiento de determinadas formas de delincuencia». El contrato de arrendamiento de los vehículos «sin distintivos ni identificativos para mantener la discreción propia de sus cometidos» incluye el derecho final a compra. Arval Service Lease, proveedora de este tipo de vehículos al Ministerio del Interior, es la adjudicataria del reciente contrato de la Ertzaintza, resuelto tras una disputa entre los licitadores resuelta recientemente por el Órgano Administrativo de Recursos Contractuales (OARC).

Como paradoja de esta espiral represiva, la huelga en Tubacex en 2021 fue reprimida por la Brigada Móvil de la Ertzaintza, cuyos agentes cuentan con una entidad de previsión social voluntaria (EPSV) denominada Itzarri que ha llegado a ser el cuarto mayor accionista del grupo siderometalúrgico. Algunos de los agentes que participaron en estas cargas, molestos con la falta de un contundente apoyo por parte de las autoridades y de sus propios sindicatos, formaron el germen de lo que hoy se conoce como el movimiento asindical Ertzainas En Lucha. Durante el 2023, esta plataforma ha utilizado las redes sociales para convocar manifestaciones a las que han acudido varios miles de agentes y llegaron a contar con apoyo de ertzainas de servicio que les permitieron invadir las vías del tranvía de Gasteiz, mientras en julio de ese mismo año, un juzgado de la capital alavesa condenaba a uno de los huelguistas de Tubacex a seis meses de cárcel por «resistencia a la autoridad».

8

Gestión neoliberal con brazo armado neoconservador

Conclusiones

De la lectura de libros específicos sobre la Ertzaintza escritos por distintos autores como el propio Joxean Agirre, Txema Ramírez de la Piscina, Pepe Rei, Julen Arzuaga, Cirilo Dávila o Xabier Zumalde, así como de informes sobre la actividad de vigilancia policial publicados por diversas entidades del Estado español e internacionales, se desprende que el área tecnológica de la Ertzaintza sigue siendo una gran desconocida para la opinión pública en general. Pero a tenor de todos los contratos y documentos recabados para esta investigación, el arsenal tecnológico de la policía vasca no es ningún desconocido para la industria mundial de la seguridad privada en particular.

La persistencia en la tecnificación de la Ertzaintza como uno de los ejes vertebradores de su modelo coercitivo está desplegando en la última década una tendencia hacia la prevención proactiva o predictiva. Esto significa que con la finalidad de anticiparse a, en palabras del lehendakari, «intentos de condicionar nuestra convivencia»[96], la hipervigilancia de masas busca recabar datos personales propios de los individuos, desde información biométrica o genética, pasando por el contenido de las comunicaciones vía telefonía móvil o redes sociales, hasta el análisis de sus movimientos o hábitos de consumo de ocio.

A tenor de la información recabada en los pliegos técnicos de numerosos contratos de la Consejería de Seguridad, la policía vasca también cuenta con equipación sofisticada y la tecnología más avanzada para la videovigilancia por tierra y aire, operaciones encubiertas con dispositivos ocultos, análisis de comportamientos en grandes eventos...[97]

---

96. El Plan General de Seguridad Pública de Euskadi 2020-2025 tiene previsto «potenciar los programas de prevención e inteligencia sobre amenazas potenciales a la convivencia democrática».

97. En este contexto de control de accesos y movimientos, merece señalar que el Gobierno Vasco puso en marcha a finales del año pasado una aplicación móvil que propone a la ciudadanía almacenar en el teléfono móvil documentos de identificación utilizados en polideportivos municipales y bibliotecas públicas, la Gazte Txartela y la Tarjeta de Identificación Sanitaria (TIS). Según la documentación oficial, la aplicación «NIK cartera digital», que según se ha publicitado cuenta con 160.000 descargas, «controla el acceso físico mediante un código o huella digital o reconocimiento facial biométrico del propio móvil». El servicio de mantenimiento y evolución de la aplicación NIK tiene un coste de 726.000 euros y

Las iniciativas de la Ertzaintza para incorporar la inteligencia artificial e implementar algoritmos predictivos en su proceso de modernización, en un contexto de agitado debate social e institucional sobre los efectos negativos en torno a su empleo en ámbitos públicos y privados, están más avanzadas de lo nadie podría imaginar. Para ello, la policía vasca se está apoyando en fondos públicos, incluidos los europeos, y trabaja ya en proyectos internacionales de seguridad europea con empresas privadas y entidades públicas.

El arsenal tecnológico de la policía vasca cuenta con equipos y sistemas, fabricados muchos de ellos por empresas israelíes, cuya utilización viene ocupando las páginas de noticias, informes, estudios y filtraciones por su relación con el espionaje contra ciertas actividades políticas y sociales. Así, el sistema de la Ertzaintza para intervenir las comunicaciones es de la israelí Verint Systems, mientras que el mantenimiento de los equipos

---

se ha adjudicado a la ya mencionada Teknei. Aparte del sistema de identificación facial y huellas dactilares previsto en el Proyecto de Ley Vasca de Empleo, aprobado en abril, está pendiente de homologación otro sistema de identificación. En este caso se trata de obtener el certificado del identificador electrónico BakQ a través de una reseña videográfica, es decir, «un breve vídeo de la persona interesada que sirve para realizar las comprobaciones biométricas». El documento «Política correspondiente a los medios electrónicos de identificación y certificados expedidos por Izenpe a la ciudadanía» recoge que en el caso del B@k y B@kQ el medio para identificar a las personas «puede ser complementado por otros factores biométricos de autenticación como la huella dactilar o el reconocimiento facial».

para esta tarea corre a cargo de su representante español, Excem, a su vez proveedor del spyware Pegasus. Por otra parte, el software empleado por la Consejería de Seguridad para acceder a datos de los teléfonos móviles fue creado por la también israelí Cellebrite. No son excepciones: los equipos de grabación de voz del Departamento de Seguridad fueron adquiridos a la firma Neptune Intelligence Computer Engineering (Nice), creada en 1986 por varios exmiembros del Ejército de Israel; la instalación de los radioenlaces de la Red de Comunicaciones de la Ertzaintza corrió a cargo de las compañías israelíes Ceragon Networks y ECI Telecom, y, además, la firma israelí ICTS fue requerida para tareas de vigilancia de los supercuarteles ubicados en Erandio y Oiartzun y también de la Academia Vasca de Policía sita en Arakaute. En el marco de 40 años de entendimiento entre el Gobierno Vasco y el Estado de Israel, la Ertzaintza participa, junto a entidades israelíes, en programas europeos, entre los que destacan los proyectos Lets-Crowd, Notiones y Engage[98].

La Ertzaintza, considerada por el lehendakari como «el dique de contención contra nuevas ame-

---

98. Por otra parte, firmas armamentistas vascas como Sener, Aernnova, Danobat o Aciturri colaboran con Israel Aircraft Industries, Israel Aerospace Industries o Israel Institute of Technology en los programas europeos Dédalos, Noesis, Senario, Awiator, Scratch Phase IV, Airframe ITD, Herwingt, SIAS, Era, Tatem, Aflonext, ED, Advice, Domminio e IDEMAP.

nazas», utiliza la supercomputación para el control de las masas, pero también está renovando su antigua maquinaria represiva basada en el empleo de munición definida como «menos letal». El propio portavoz del PNV en el Congreso de los Diputados, Aitor Esteban, afirmó recientemente que ser ertzaina es «más que ser un funcionario ante un ordenador» y pidió a los ertzainas «sentido de la institucionalidad y de los retos como país».

Cuando en enero de 2022 unos carteles se mofaron de la OPE de la Ertzaintza, el consejero de Seguridad, Josu Erkoreka, respondió: «La realidad es tozuda y las cifras reflejan que la Ertzaintza es una policía profesional que goza de prestigio y reconocimiento en Euskadi y fuera de Euskadi». En junio del 2023, la encuesta de opinión del Deustobarómetro arrojó estos resultados: por primera vez en la última década, la ciudadanía le había otorgado un suspenso en valoración a Osakidetza, un 4,8 sobre 10, y la puntuación sobre la Ertzaintza, la otra «joya de la corona del oasis vasco», no superó el 5,1.

Mientras buena parte de medios de comunicación, sindicatos, agentes sociales y partidos políticos critican la falta de inversión en materia de salud o denuncian la financiación pública de la educación privada, el escrutinio de unos pocos sobre el incremento en los presupuestos en materia de seguridad pública pasa desapercibido. La desinformación, la falta de transparencia por parte de la administración y la propaganda institucional que imperan en torno a la actividad policial son importantes barreras a la hora de sacar a la luz el gasto en algunas herramientas tecnológicas cuyo empleo ha sido denunciado por atentar contra los derechos y libertades de grupos sociales y políticos concretos, activistas o periodistas. Así, la labor de desvelar información que el poder quiere mantener oculta sobre el nuevo modelo de la policía vasca se percibe como un hecho puntual, excepcional y atípico.

Aunque la tecnología adquirida por la Ertzaintza debe seguir siendo objeto de exigencia de transparencia y escrutinio crítico, no es menos cierto que en ocasiones la publicidad de los catálogos de los contratistas privados y el *marketing* de los planes de asistencia ofrecidos por las grandes consultoras se limitan a eso: propaganda. Es muy improbable que la tecnificación policial resuelva los misterios de la conducta humana que siguen sin descifrar las disciplinas criminológicas más fanáticas de la informática o la genética. Será otro intento infructuoso, al menos si se sigue ninguneando que la prevención y la represión son ineficaces sin una intervención en las injusticias sociales que está provocando el modelo de gestión neoliberal que abraza el Gobierno Vasco, mientras su brazo armado de corte neoconservador trata de contener la indignación popular.

Bibliografía

Libros

Agirre, J. (2007). *¿Cipayos? Policía vasca o brazo armado del PNV*. Txalaparta.

Arzuaga, J. (2010). *La maza y la cantera Juventud vasca, represión y solidaridad*. Txalaparta.

Ávila, D., García, S., Mendiola, I., Bonelli, L., Brandariz, J. A., Fernández, C. y Maroto, M. (2021). *Metropolice. Seguridad y policía en la ciudad neoliberal*. Traficantes de Sueños.

Cancela, E. (2023). *Utopías digitales. Imaginar el fin del capitalismo*. Verso Libros.

Dávila, C. (2006). *Ertzaintza: historia de la Policía Autónoma Vasca (1936-2006)*. Elea.

Dick, P. K. (1956). *Minority Report*. Fantastic Universe.

Hayes, B. (2009). *NeoConOpticón: el complejo industrial europeo de la seguridad*. Transnational Institute.

Luján, E. (2015). *Drones. Sombras de la guerra contra el terror*. Virus.

O'Neil, C. (2015). *Armas de destrucción matemática.* Capitán Swing.
Ramírez de la Piscina, T. (1992). *Ertzantza. ¿Heroes o villanos?* Txalaparta.
Rei, P. (1995). *El jesuita.* Txalaparta.
Rocher, P. (2021). *Gasear, mutilar, someter.* Katakrak.
Zumalde, X. (2013). *Código Bruno. Radiografía de los Servicios Secretos del Gobierno Vasco. Período 1977-1990.* Círculo Rojo.

Artículos

Agencia EFE (2022). La Ertzaintza prueba medios tecnológicos de respuesta ante un atentado simulado.
Agencia de Noticias (2021). La Ertzaintza participa en proyectos de investigación e innovación, en seguridad y nuevas tecnologías, financiados por la Comisión Europea.
Agirregoikoa, A. (2022). Josu Erkoreka: «La adaptación tecnológica y la innovación son claves cuando se trata de la Seguridad Pública de un país». *Deia.*
Albin, D. (2018). Euskadi se mantiene como el lugar con más presencia policial de la UE pese al fin de ETA. *Público.*
Alonso, I. (2022). Los 'juguetes' de la Ertzaintza con inteligencia artificial. *Noticias de Gipuzkoa.*

Barcenilla, L. M. (2022). La Ertzaintza que viene. *Hordago-El Salto.*

—— (2023). La ciberseguridad de los vehículos de la Ertzaintza, en manos de la empresa del jeltzale que dirigió la SPRI. *Hordago-El Salto.*

Barcenilla, L. M. y Zelaieta, A. (2022). Génesis del contraespionaje vasco: la consultora de ex altos cargos de la Ertzaintza que protegía a multimillonarios. *Hordago-El Salto.*

—— (2023). La Ertzaintza gasta casi un millón de euros en munición para armas de una empresa afín a Bolsonaro. *Hordago-El Salto.*

Bellio, N. (2023). Los sesgos con los extranjeros en el algoritmo de violencia de género de la Ertzaintza. *Hordago-El Salto.*

Clark, S. (2018). U.S. Software Firm Verint Is in Talks to Buy NSO for About $1 Billion. *Wall Street Journal.*

Crónica Vasca (2022). Realidad aumentada, drones, la unidad canina... así se prepara la Ertzaintza para un atentado.

De las Heras, A. (2023). La Ertzaintza acumula 35.000 muestras de delitos sin analizar por falta de personal. *El Correo.*

Del Moral, J. A. (2011). La Vanguardia cree que Echelon pudo servir para desmantelar el comando Donosti. *Gananzia.*

—— (2015). La Ertzaintza y empresas vascas figuran entre los supuestos clientes de la firma de espionaje online Hacking Team. *Gananzia.*

Diario Vasco (2014). La Ertzaintza elabora cada año una decena de retratos robot.

Echarri, M. (2021). Machistas, sexistas, sordas o ciegas: cuando las herramientas solo sirven a quien las diseña. *El País.*

El Mundo (1996). La Ertzaintza colocó micrófonos ocultos en casa de Aldaya sin autorización judicial.

Elorza, A. (2013). El PNV encara la sombra del espionaje. *El País.*

Europa Press (2013). El Fiscal denuncia que elementos extraños han bombardeado la investigación del espionaje político en Álava.

—— (2019). Un juzgado de Vitoria anula la primera sanción de la Ertzaintza a un periodista en aplicación de la 'ley mordaza'.

—— (2020). El Partido Socialdemócrata de Andorra pregunta por la intercepción de comunicaciones.

—— (2021). Erkoreka apela a la colaboración público-privada para responder a la creciente demanda de seguridad pública integral.

Euskal Telebista (2013). La Ertzaintza crea una Oficina Central de Inteligencia con 178 agentes.

Feldstein, S. (2020). La expansión global de la vigilancia mediante IA. *La Vanguardia.*

Fernández, A. (2016). El director de la OAC pasa al ataque y pone el foco en la unidad de espionaje de los Mossos. *El Confidencial.*

Fernández, J. J. (2022). Espiar a Pere Aragonès con Pegasus costó 43.000 euros. *El Periódico.*

Ferreira, M. (2020). Polémica por los golpes en una intervención de la Ertzaintza a una mujer en el barrio San Francisco de Bilbao. *elDiario.es.*

Fox-Brewster, T. (2017). EU gasta 2.2 mdd en hackeo de móviles desde veto migratorio. *Forbes.*

Gara (2022). Piden información sobre un sistema de la Ertzaintza ¿ligado a la empresa de Pegasus?

Intxausti, A. (1995). Jueces donostiarras dictan sentencias opuestas sobre el valor de los vídeos policiales. *El País.*

Iriondo, I. (2022). El Departamento de Seguridad llena de tachones informes pedidos por el Parlamento. *Gara.*

—— (2022). Lakua alega que tachando casi todo respeta los derechos más que Madrid. *Gara.*

Kirchgaessner, S. y Jones, S. (2020). Phone of top Catalan politician targeted by government-grade spyware. *The Guardian.*

Kirchgaessner, S., Lewis, P., Pegg, D., Cutler, S., Lakhani, N. y Safi, M. (2021). Revealed: leak uncovers global abuse of cyber-surveillance weapon. *The Guardian.*

Larreategi, J. (2020). Morphobis, Burbujas tácticas y PEMEA: tecnologías que utilizará la Ertzaintza en 2021. *Gasteiz Berri.*

López-Fonseca, O. (2020). Interior gasta 15 millones al año en su sistema de espionaje de comunicaciones. *El País.*

Martínez, M. (2019). Democratizar el dato. *El País.*

Mendizabal, D. (1994). Atutxa espiará en directo por tierra y aire. *Egin.*

Morán, U. (2012). El futuro de la Ertzaintza, al cajón. *El País.*

Olabarri, D. S. (2013). El Gobierno vasco reconoce que el ultraderechista que mató a Yolanda González dio cursos a la Ertzaintza. *El Correo.*

—— (2015). La Ertzaintza contactó con una polémica empresa italiana de espionaje informático. *El Correo.*

—— (2018). La Ertzaintza privatizará las pruebas de ADN por el colapso en su laboratorio. *El Correo.*

Ortega, P. (2013). Cazadores de voces. *El País.*

Periodista Digital (2007). La Federación de la Prensa censura a la Ertzaintza por la intervención telefónica de un periodista de El Correo.

Piulachs, M. (2018). Jové demana al jutge qui ha desbloquejat el seu móvil. *El Punt Avui.*

Ramírez, I. (2021). Qué son los Cellebrite UFED Touch 2 que ha comprado el Gobierno por más de 150.000 euros. *Xataka.*

Reed, K. (2019). US court rules routine border search and seizure of electronic devices unconstitutional. *World Socialist.*

Requeijo, A. y Parera, B. (2022). Mensajes del jefe de Prisiones de Marlaska revelan trato de favor a los etarras. *El Confidencial.*

Rettman, A. (2011). Fresh report into 2003 EU spy scandal points to Israel. *EU Observer.*

Rioja, I. (2023). Euskadi crea la Cyberzaintza, la nueva Policía para combatir los delitos informáticos y los ciberataques. *elDiario.es.*

Riveiro, A. (2014). IU pregunta al gobierno si emplea maletines que identifican y geolocalizan los móviles de los manifestantes. *elDiario.es.*

Rodríguez, J. A. (2009). Un sistema para cuatro cuerpos policiales: la polémica por los pinchazos policiales. *El País.*

Ruiz de Azua, V. (1992). Confirmadas las condenas por escuchas ilegales de la Ertzaintza a Garaikoetxea. *El País.*

San Martín, E., Mendizabal, D. y Zelaieta, A. (1997). AVCS instaló micrófonos ilegalmente. *Egin.*

Segura, F. (2022). Espionaje con escenario vasco. *El Correo.*

Sola, R. (2023). La Ertzaintza aplica la Ley Mordaza 16 veces al día y contra la decisión del Parlamento. *Gara.*

The Wired (2018). Europe is using smartphone data as a weapon to deport refugees.

Tremelett, G. (2001). US offers to spy on Eta for Spain. *The Guardian.*

Villagrán, X. (2015). El CNI pagó más de 200.000 euros a Hacking Team para espiar móviles. *El Confidencial.*

Voz Pópuli (2014). Interior gasta 12 M. en ampliar el software para pinchar teléfonos que el PP denostó en la oposición.

Zarrabeita, B. (2007). Análisis de ADN para dictaminar imputaciones, lo infalible también puede estar equivocado. *Gara*.

Zelaieta, A. (2022). Cellebrite, el software israelí de la Ertzaintza para acceder a los teléfonos de los ciudadanos. *Hordago-El Salto*.

—— (2022). El gigante del espionaje israelí detrás del sistema de monitorización telefónica de la Ertzaintza. *Hordago-El Salto*.

—— (2022). La Ertzaintza cuenta con 300.000 rostros y 590.000 huellas en su sistema de información biométrica. *Hordago-El Salto*.

—— (2022). Un contrato «secreto» del Gobierno Vasco desata una batalla entre dos firmas conectadas al caso Pegasus. *Hordago-El Salto*.

—— (2023). 1.387 kamera. *Argia*.

—— (2023). Ertzaintza eta Israelen arteko anaitasuna. *Argia*.

—— (2023). La Ertzaintza actualiza el sistema biométrico de voz que adquirió a una firma señalada por Wikileaks. *Hordago-El Salto*.

—— (2023). Robocop Bulegoa: así se está gestando la unidad precrimen de la Ertzaintza. *Hordago-El Salto*.

Documentos e informes

Berrio, A.G., Calderó, C., Cardona, D., Daza, F., Lo Coco, D., y Rocabert, A. (2020). *Vulneraciones de los derechos humanos en las deportaciones*. Iridia y Novact.

Calvo, J., y Ruiz, A. (2018). *La espiral de violencia de la España Fortaleza: Armas para la guerra y militarismo para blindar las fronteras.* Centre Delàs d'Estudis per la Pau y Novact.

Departamento de Seguridad del Gobierno Vasco (2013). *Reflexión Estratégica 2013-2016.*

—— (2015). *Plan Estratégico contra el Islamismo Radical de la Ertzaintza.*

—— (2016). *Plan Horizonte.*

—— (2018, 2019, 2020, 2021, 2022 y 2023). *Presupuestos.*

—— (2019). *Oficina de iniciativas ciudadanas para la mejora del sistema de seguridad pública-Ekinbide. Informe de actividad.*

—— (2020). *Plan General de Seguridad Pública de Euskadi 2020-2025.*

European Network Against Racism (2020). *Policing racialised groups.* Enar Foundation.

Gobierno Vasco (2014). *Plan Batera. Proceso de convergencia en materia de Tecnologías de la Información y la Comunicación (TIC).* Sociedad Informática del Gobierno Vasco, EJIE.

—— (2014). *RIS 3 EUSKADI. Prioridades estratégicas de especialización inteligente de Euskadi.*

—— (2020). *Agenda Digital de Euskadi.*

—— (2020). *ARDATZ. Plan Estratégico de Gobernanza, Innovación Pública y Gobierno Digital 2030.*

—— (2020). *Estrategia de Internacionalización.*

—— (2020). *Impacto de las tecnologías digitales en la vida cotidiana.*

—— (2021). *Estrategia de Transformación Digital para Euskadi 2025*.

—— (2021). *Plan Estratégico de Tecnologías de la Información y Comunicaciones para la Seguridad Pública de Euskadi (2021-2024)*.

—— (2021). *Programa Vasco de Recuperación y Resiliencia, Euskadi Next (2021-2026). Proyectos: Security First, Plan de Digitalización del Sistema de Inteligencia de la Ertzaintza y Sistema de evaluación e implementación de medidas de ciberseguridad para el parque móvil de vehículos de la Ertzaintza*.

—— (2022). *Memoria Delincuencial de la Euskal Polizia*.

Miralles, N., Campisi, G., y Díaz, C. (2021). *Vigilancia masiva y control de la disidencia europea, vigilancia Hi-Tech en tiempos del Covid-19*. European Network of Corporate Observatories, Observatoire des Multinationales, Observatorio de Derechos Humanos y Empresas en el Mediterráneo (Novact y Suds) y Shoaollective.

Parlamento Europeo (2023). *Informe de la comisión del Parlamento Europeo elaborado para investigar el uso de Pegasus y equivalentes software espía de vigilancia*.

Pisanu, G., Arroyo, V., Ucciferri, L., Ferreyra, E., Moraes, T., Laranjeira, J. R., Costa, E., Fellows, E., Reis, C., Rocha da Silva, F., Finlay, J. y Córdova-Páez, A. (2019). *Tecnología de vigilancia en América Latina: Hecha en el exterior, utilizada en casa*. Access Now.

Policy Department for Citizens' Rights and Constitutional Affairs Directorate-General for Internal Policies (2022). *Pegasus and surveillance spyware.*

Pozo, A. y Ruiz, A. (2022). *Negocios probados en combate.* Centre Delàs d'Estudis per la Pau.

Pozo, A., Simarro, C., y Sabaté, O. (2014). *Defensa, Seguridad y Ocupación como negocio: relaciones comerciales militares, armamentísticas y de seguridad entre España e Israel.* Novact, Associació Catalana per la Pau, Nexes Interculturals, Servei Civil Internacional de Catalunya, Acsur y Centre Delàs d'Estudis per la Pau.

Privacy International (1995). *Big Brother Incorporated.*

Ruiz, A., Akkerman, M. y Brunet, P. (2020). *Mundo Amurallado: hacia el apartheid global.* Centre Delàs d'Estudis per la Pau, Transnational Institute (TNI), Stop Wapenhandel y Stop the Wall Campaign.

Sánchez-Monedero, J. (2018). *La datificación de fronteras y gestión de los refugiados en el contexto de Europa.* Cardiff University.

Viceconsejería de Seguridad del Gobierno Vasco (2022). *Memoria.*

Wikileaks (2013). *The Spy Files 3.*

Bases de datos

Boletín Oficial del País Vasco.

Buscador de iniciativas de la página web del Parlamento Vasco.

Buscador de resoluciones del OARC, Órgano Administrativo de Recursos Contractuales.

Cendoj, Centro de Documentación Judicial.

Dialnet, portal bibliográfico de literatura científica.

Plataforma Cordis de proyectos de investigación y desarrollo de la Unión Europea.

Plataforma de Contratación Pública de Euskadi.

Esta tercera edición del libro,
LA ERTZAINTZA QUE VIENE
TECNOLOGÍA DE HIPERVIGILANCIA Y CAPITALISMO DE CONSULTORÍA,
se terminó de diseñar, componer y maquetar en Bilbao,
en el taller gráfico de MONTI DISEINU GRAFIKOA,
utilizándose la familia tipográfica Celeste
creada digitalmente por Chris Burke en 1990,
mientras Isarel sigue bombardeando Gaza, cuyos habitantes
son masacrados y forzados a huir de nuevo de sus tierras,
en la invasión más violenta de las últimas décadas
en Palestina.

Aurkeztu dizugun liburuaren eduki, itxura edo inprimaketari buruzko iritzia guri helarazi nahi izanez gero, bidal iezaguzu. Zinez eskertuko dizugu.

La Editorial le quedará muy reconocida si usted le comunica su opinión acerca del libro que le ofrecemos, así como sobre su presentación e impresión. Le agradecemos también cualquier otra sugerencia.

EDITORIAL TXALAPARTA S.L.L.
San Isidro 35
31300 TAFALLA
Nafarroa
Tfno.: 948 70 39 34
info@txalaparta.eus
www.txalaparta.eus